·一瞬间改变·

甩不掉的嫉妒和自卑

[日] 大岛信赖 著

宋妍 译

人民东方出版传媒
People's Oriental Publishing & Media
東方出版社
The Oriental Press

图书在版编目（CIP）数据

一瞬间改变：甩不掉的嫉妒和自卑 /（日）大岛信赖著；宋妍译 . — 北京：东方出版社，2021.3
ISBN 978-7-5207-1727-4

Ⅰ . ①一… Ⅱ . ①大… ②高… Ⅲ . ①心理学—通俗读物 Ⅳ . ① B84-49

中国版本图书馆 CIP 数据核字（2020）第 244285 号

一瞬间改变：甩不掉的嫉妒和自卑
（YISHUNJIAN GAIBIAN：SHUAIBUDIAO DE JIDU HE ZIBEI）

作　　者：［日］大岛信赖
译　　者：宋　妍
责任编辑：刘　峥
出　　版：东方出版社
发　　行：人民东方出版传媒有限公司
地　　址：北京市西城区北三环中路 6 号
邮　　编：100120
印　　刷：北京汇瑞嘉合文化发展有限公司
版　　次：2021 年 3 月第 1 版
印　　次：2021 年 3 月第 1 次印刷
开　　本：787 毫米 ×1092 毫米　1/32
印　　张：6.5
字　　数：92 千字
书　　号：ISBN 978-7-5207-1727-4
定　　价：39.80 元
发行电话：（010）85924663　85924644　85924641

前言

你是否曾因嫉妒心和自卑感，有过一些不愉快的经历？

有一位女士，只要听说有其他女性找自己的男友谈心，就会火冒三丈，心想："这女人想干什么！"

男友向她解释，但她越听越生气，甚至板起脸来。无论那位女性的处境多么悲惨，她也绝不会觉得对方很可怜。只会尖酸刻薄地认为："真是个神经病！肯定是在撒娇吧！"

不过，同样一件事，如果是从闺蜜那里听来的，她就能感同身受，并且同情对方，无法理解为什么周围没有人帮助她。然而，一旦是从男友那里听来的，她就会觉得那个女人心怀鬼胎，于是就会产生诅咒对方"早日消失"的黑暗心理。

其实，不仅仅是恋爱关系，胜负心理同样会使人产生嫉妒心。

以前我在公司工作时，曾遇到过这样的情况，明明我写的企划书更新颖，但大家却一味地夸赞另一位同事的企划书，当时我的表情就凝固了。

连我自己都意识到了我的笑容逐渐消失，表情变得僵硬，手止不住地颤抖，身体动弹不得。

我甚至想把同事的企划书揉成一团，塞进他的嘴里。

可见，嫉妒心是非常可怕的。

反过来，如果你遭人嫉妒，在你的人际关系中，就会埋下一颗定时炸弹。

比如，你明明没做错什么，却莫名其妙地受到攻击，遭人陷害，甚至会落得被迫降职或跳槽的下场。

这本书将从脑科学和心理学角度，分析产生嫉妒心和自卑感的原因。相信大家了解其原因后，心中的阴霾便能一扫而空。此外，我还会和大家分享一下如何瞬间克服嫉妒心和自卑感。

如果你惊讶地发现身边的人都嫉妒心很重，那么你就不会觉得“自己不正常”。

如果你能从嫉妒中解放出来，就不会再迷失自我，还能使自己摆脱可怕的恨意和怒气，变得更有魅力。

我曾以为“别人不会注意到自己扭曲的心理”，然而这种心理却已经渗透到每一个表情当中，不知不觉中，我早已被人疏远。

然而，如果你能摆脱嫉妒的泥沼，便能露出发自内心的微笑。这样一来，身边人的态度也会发生改变，你不仅不会再感到“孤独”，而且会感到更加自由。

当你深陷嫉妒的泥沼时，你会觉得身边所有人都与自己为敌，世界也变得畸形。然而，如果你能从中摆脱出来，一切都将烟消云散，新世界的大门将会为你敞开。

这样一来，你便能单纯地追求自己的快乐，不在意别人的看法。这是一个非常有趣的现象。

希望大家认真读完本书，都能消除嫉妒心和自卑感，过上真正自由的人生。如果本书能对大家有所帮助，我将不胜荣幸。

大岛信赖

CONTENTS

目　录

CHAPTER 01

受到一点刺激，“嫉妒心就发作”，根本停不下来

01 “凭什么是他” / 003

02 不受控制的动物本能：嫉妒 / 007

03 内心的“阴暗面”爆发 / 013

04 停止嫉妒，身体的疼痛才会消失 / 017

CHAPTER 02

为什么总是嫉妒别人呢

01 亲子关系是滋生嫉妒的温床 / 025

02 只因对方“比自己年轻”便焦躁不安 / 030

03 “优越感的错觉”使人认为“我高于平均水平” / 035

04 什么人我们不会嫉妒 / 039

CHAPTER 03

摆脱病态心理，未来会变得妙不可言

01 要意识到自己的嫉妒心理 / 047

02 那些愤怒、悲伤的情绪可能是别人的 / 054

03 穿越到十年后 / 060

04 要真心为别人的成功而高兴 / 068

CHAPTER 04

如何应对别人的嫉妒心

01 哪种人容易遭受嫉妒和攻击 / 077

02 不要过于在意别人的感受 / 083

03 只要意识到“他正在嫉妒我”就够了 / 089

04 装成朋友的人 / 094

05 性骚扰和权力骚扰源于嫉妒 / 099

CHAPTER 05

自卑感的真面目

01 “要是有机会，我肯定能比他做得更好” / 109

02 不要对自己的短处反应过度 / 115

03 我是金子，终会发光 / 122

04 由于别人的嫉妒和攻击而丧失自信 / 129

05 摆脱自卑的三个步骤 / 136

06 只是想象成捆儿的钞票就能得到救赎的人 / 144

CHAPTER 06

欢迎来到没有恶性竞争、真正自由的世界

01 做自己喜欢的事情 / 155

02 过于优先考虑他人的感受，导致不知道自己到底想做什么 / 162

03 嫉妒会泯灭人的才华 / 170

04 做“本来的自己”就好 / 177

05 摆脱嫉妒和自卑，变成自己喜欢的样子 / 185

后记 / 191

CHAPTER 01

受到一点刺激，“嫉妒心就发作”，根本停不下来

01

“凭什么是他”

瞬间陷入不安、憎恨、愤怒的旋涡

“他明明没什么了不起的地方！”

“他肯定在背后做了什么手脚！”

“真狡猾！”

在职场、学校、日常生活中，你是否有过这样的经历呢？

每次看到身边的人比自己更受欢迎、更被重视，就无法保持心理平衡，心中燃起憎恨的火焰。

同样，在恋爱关系或婚姻生活中，看到自己喜欢的人或伴侣和别人关系很好时，也会突然怒火中烧。你的心理活动也许是这样的：

“这个女人竟然邀请我的男友去聚餐，真是岂有此理！”

“明明正在和我交往，却和别的男人单独见面，她真是水性杨花！”

遇到这些情况，我们很容易心理扭曲，难以抑制憎恶、怨恨和不安的情绪。

看到别人比自己过得好，就羡慕；看到喜欢的人对别人有意思，就憎恶。这些都叫作**“嫉妒”**。

由于自己的嫉妒心理过于丑陋，所以我们很难正视它。

你越是嫉妒别人，就越会觉得“他轻而易举地得到了自己想要的东西，看来自己还是比不过他”，**“自卑感”**由此产生。

无法忍受同事比自己更受重视

以前，我还在公司上班时，发生过这样一件事。

我有一个同事，他的工作能力并不如我，但是上司却很看重他，常常对他委以重任。每当这时，我就会心生不满，心想：“这是凭什么？”

凭什么我每天为上司操碎了心，为工作费尽心力，到头来上司眼里还是只有那个同事，从不对我正眼相看。

去聚餐的时候，上司一看那个同事不在，还会问我：

“××出什么事了吗？”我心想：“咦？有我陪着不行吗？”于是感到非常伤心。

由此种种，我越来越感到不满：“凭什么那个家伙总能受到重视！”渐渐地，对这份工作也产生了厌倦。

其实，我知道即使受到上司的关注也没什么好处，工作内容并不会发生改变。

但是，**一想到“上司更重视那个家伙”，就觉得自己迄今为止的业绩都被那个工作能力差的同事抢走了。**

实际上，冷静思考一下，自然就会明白“上司并不是重视那个工作能力差的同事，而是想照顾他一下”。

即便如此，我还是烦透了那个同事和上司，认为他们“根本无法被原谅”，甚至想“干脆辞掉这份工作”。

02

不受控制的动物本能：嫉妒

◎“护食”的狗狗

明知道“嫉妒使人丑陋”，却还是无法抑制“想要摧毁对方”的冲动。这就是**“嫉妒心发作”**的表现。

人们嫉妒心发作时，会像变了一个人一样，无法控制自己的思想。

为什么用“发作”这个词呢，这是因为“嫉妒”是一种动物性的本能。

我曾见到过这样一个场景。一只可爱的小狗正在“啊呜啊呜”地吃着自己的食物时，旁边突然闯来一只企图抢夺食物的狗。

于是，可爱的小狗突然“嗷呜”的一声，亮出獠牙，露出狰狞的面孔。

对于小狗来说，“自己的食物被抢走”就意味着**“可能**

会饿死”。所以它们本能地感觉到危险后，为了恐吓对方，就会立即化身为恶犬。

◎ 被横刀夺爱的时候

除了抢夺食物，动物在情感需求方面也会产生嫉妒心理。

如果你当着自家狗狗的面，一边轻抚别的狗，一边夸它“好可爱”，自家狗狗就会嫉妒心发作。

看到主人宠爱别的狗时，它一开始还能假装没看见，但时间一久就会“汪汪汪”地咆哮起来。如果主人视而不见，仍对别的狗爱不释手，它就会“咚”的一声撞过来，挤进主人和那条狗之间。

对于狗狗来说，“争宠”和夺食一样，都是性命攸关的问题。

尚不清楚狗狗是否意识到“自己可能被抛弃”，但的确是类似这样的恐惧心理，使它们嫉妒心发作，瞬间“判若两人”。

看到狗狗的行为举止后，我忽然明白“嫉妒果然是一种动物性的本能”。

人和动物一样，一旦嫉妒心发作，就会不由自主地产生邪恶的想法。

比如，如果别人获得了你期待的奖励，你就会觉得对方“抢了”自己的东西。这时，你会嫉妒心发作，瞬间产生“邪恶的想法”，甚至在心里骂他“王八蛋”。

主人只是宠爱一下别的狗，
自家狗狗就会嫉妒心发作

“争宠”同样是关乎生死的大事

◎ 我想他（她）的眼里只有我

在婆媳关系中，儿媳虽然理解“婆媳立场不同”，但是看到丈夫护着婆婆，还是会嫉妒心发作，不由自主地产生恶意，完全无法控制。

儿媳本能地感觉婆婆要和自己抢老公，于是就会产生邪恶的念头。**不受控制地想要“摧毁对方，赶走对方，夺回属于自己的爱”。**

婆婆也明白儿子疼爱儿媳，两人共建一个美满幸福的家庭才是自己的福气。但是，一看到儿子处处护着儿媳，婆婆就会鸡蛋里面挑骨头，嫌弃她“这也不会那也不会”。无论儿媳怎么努力，都气不打一处来，只想对她恶语相加。

婆婆认为“自己有些话只是气话，并非真心话”，但是儿媳感受到的却是婆婆满满的嫉妒，心想“其实婆婆早想赶我走了”，于是变得无精打采、郁郁寡欢。婆媳关系就是这样破裂的。

由于嫉妒是一种动物性的本能，所以人们常常会使坏心眼，“排挤对方，让别人眼里只有自己”，不过，这在人类社会中却往往事与愿违。

你越使坏，别人眼里越没有你。

于是，你更加无法控制自己的嫉妒心，变得越来越坏，由此陷入一个恶性循环。

当另一半说起其他异性时，虽然我们相信他（她）不会出轨，但一想到“他（她）的眼里竟有其他异性”，嫉妒心就开始发作。这也是因为我们感觉**“别人分散了自己另一半的注意力”。**

由于嫉妒是一种动物性的本能，因此，即使你没想“让对方只关注自己”，但是一看到有人和自己争，就会不由自主地作出反应，产生嫉妒心理。

产生“邪恶的想法”，诋毁对方，这些都是一种动物性的本能——“排挤对方，让别人眼里只有自己”。

也就是说，嫉妒会让人变得和动物一样，总是出口伤人。

然而，在人类社会中，往往事与愿违。如果你“总想排挤对方”，恋人反而会觉得“你很烦人”。

于是，他越来越关注别人，你也更加妒火难平，不知不觉你已陷入一个恶性循环。

03

内心的“阴暗面”爆发

两年前丈夫出轨带给自己的痛苦死灰复燃

有一天，一对夫妻因为“丈夫出轨”来到我的咨询室。其实，丈夫出轨已是两年前的事情。但是，从那以后，每当丈夫多看其他女人一眼，妻子就会责备他：“别忘了你出轨带给我的伤害！”

咨询过程中，妻子讲道：“对于他这种人，我已经无所谓了。我要过好我自己的人生！”

然而，谈到丈夫的手机时，刚才口口声声说着“已经无所谓”的妻子却顿时火冒三丈，大发雷霆地嚷道：“你又想出轨了吧！”

然后开始对丈夫进行语言攻击，说他工作能力差、工资低、在家一无是处……惹得丈夫恼羞成怒。

家里的孩子每次看到父母吵架，都会吓得脸色苍白。见此情形，妻子又开始责怪丈夫：“看！都是因为你，把孩子吓成这样！”

◎ 对周围的“你还好吗”反应过度

妻子的嫉妒心只要发作过一次，之后动不动就会因为“手机”等鸡毛蒜皮的小事再次发作。激动的情绪平复之后，又会灰心丧气，后悔自己“为什么要当着孩子的面发那么大的火”。明明下定决心“不再管丈夫的事”，却总是言行不一。于是，对自己越来越没信心，郁闷不已。

越是丧失自信、心情郁闷，就越会觉得“丈夫的出轨践踏了自己的自尊心”，不知不觉又会产生嫉妒心理。

嫉妒心越强，自信心越弱。自信心越弱，就会认为“是别人剥夺了自己的自信”。于是，嫉妒心再次发作，由此陷入恶性循环。

一想到“丈夫的出轨使整个家庭陷入不幸”，妻子的嫉妒心又变得更加强烈。

身边的朋友看到她的丈夫在深刻反省，于是都劝她：“还是继续好好过日子吧！”但是嫉妒使她心理扭曲，她总想折磨自己的丈夫，令他痛苦不堪。

久而久之，夫妻之间感情破裂，失去信任。这让她认为“又是丈夫的错”，由此深陷嫉妒的怪圈，无法脱身。

因为鸡毛蒜皮的小事就嫉妒心发作

这时，朋友也纷纷前来关心她，问道："你还好吗？"可这句话对她来说，却仿佛在她的伤口上撒盐。

这是因为**她认为"自己本应该获得大家的认同，却受到了大家的怜悯"，所以再次感觉自尊心受到了践踏，于是心中的妒火越烧越旺。**

一旦你嫉妒心发作，丧失自信，就会陷入恶性循环，反复发作。你无法控制自己的所作所为，于是你的自信心也会被消磨殆尽。

嫉妒会使你陷入恶性循环，丧失信心。一旦深陷其中，便难以脱身。

04

停止嫉妒，身体的疼痛才会消失

◎ 好人缘回来了

人们嫉妒心发作时，总想“毁掉别人”，于是就可能在不经意间，破坏自己的人际关系，从而感到孤独。

其实每个人都想获得大家的认可，和大家相处愉快。

然而，受到嫉妒心的驱使，一旦对方比你更受欢迎，你就会认为“是对方剥夺了自己的好人缘”，于是总想陷害对方。时间一长，你就会被大家孤立。最后你发现自己真正想要的明明是“和大家打成一片”，结果反而适得其反。

嫉妒心会让你产生邪恶的想法，总想破坏别人的人生。当然这**也会分散你的注意力，使你无法专注地过好自己的人生。**

每个人都应该追求属于自己的幸福。可是嫉妒会让你眼红，怒不可遏的你哪里还能追求自己的美好人生？蓦然回首，你的人生早已过得“一塌糊涂”。

然而，一旦摆脱嫉妒，你很快就能“和大家打成一片”，沐浴在尊重与信赖的阳光下，你便能过上自由的生活。

竟然连颜值都会提高

看到来访者通过心理咨询摆脱嫉妒后的样子，我常常感到吃惊，没想到他们个个容光焕发。

曾经，这些来访者因为嫉妒，总是怒容满面，拒人于千里之外。现在却满面笑容，亲和友善。

另一个惊人的变化是，他们的人际关系也得到了改善。

物以类聚，人以群分。过去，他们被嫉妒蒙蔽心智时，身边也尽是同类人，每天只会“互相扯后腿”。

现在，他们摆脱嫉妒后，那些嫉妒心强的人自然散去，积极向上的人纷至沓来，他们彼此尊重，互相激励，共同提高。

于是，他们脱胎换骨，迎来崭新的人生。

我还惊奇地发现，来访者摆脱嫉妒之后，长年累月的病痛也消失不见。这让我意识到“身体的病痛也是嫉妒带来的”。

于是，我明白**嫉妒不仅会影响人的精神层面，也会影响人的身体健康。**当我意识到这一点时，感到嫉妒心对身体的影响非常可怕。

另外，我还发现，自从来访者停止嫉妒，自我肯定感也得到提高。

自信坦荡地走完一生

自我肯定感是很难提高的。

如果我们连续高喊：“我是人见人爱的！我是最棒的！”确实能从表面上提高自我肯定感。但是，心里还是“对自己的内在没有自信”。

从表面上提高自我肯定感只会引起错觉，一旦发生意外，马上就会原形毕露。

无论表面上的演技多么高超，还是不得不承认“自我肯定感从本质上很难提高”。于是，不知不觉就慢慢放弃努力了。

但是，来访者通过治疗，不再嫉妒别人之后，我发现“他们的自我肯定感从本质上提高了”。

不再嫉妒别人后，自我肯定感不断提高

即使发生意外，也毫不动摇，他们的自我肯定感坚不可摧。

于是，我明白**“自我肯定感低的原因是受到了嫉妒心的影响”**。

不再嫉妒别人后，你的自我肯定感就能得到提高。自信坦荡、为人可靠的你自然也不会再嫉妒别人。

于是，你会变得更加自信和自由，还会受到大家的交口称赞。

有一个来访者过去常常因为别人的言行举止而不知所

措，自从他摆脱别人嫉妒的影响，就明白“别人说什么都和自己无关”，于是开始听从自己的内心。

而且，不受嫉妒的影响后，你会相信“自己不会失败”，无论做什么，都能脚踏实地地达成目标。

可见，人们摆脱嫉妒后，就能获得自信。

看到来访者现在美丽耀眼的样子，我深深地感到“嫉妒的影响力太大了”。

CHAPTER 02

为什么总是嫉妒别人呢

01

亲子关系是滋生嫉妒的温床

◎ “臭小子，好好学习了吗？”

其实，我们并非一看到有人比自己优秀，有人受到夸奖，就一定会嫉妒对方。嫉妒的产生是有条件的。

条件就是**“对方明明不如自己，却比自己拥有更好的条件，享有更多的赞美”。**简单来说，就是一种不服气的感觉。

最明显的就是父母“嫉妒”孩子的案例。

全天下所有的父母都想当然地认为“自己是长辈，所以肯定比孩子强”。

因此，如果孩子“比自己知道得多”或者“比自己更懂餐桌礼仪”，他们就会嫉妒心发作，用一些风马牛不相及的借口指责孩子，比如会生气地说：“臭小子，写完作业了吗？”等等。

在不知情的外人眼里，这是“因为孩子不懂事，又惹父母生气了”。但实际上却是因为“父母感觉孩子让自己威严扫地”，于是嫉妒心发作，产生了邪恶的想法。

另外，如果妻子非常担心儿子的事情，丈夫就会觉得“儿子夺走了妻子的爱”，于是嫉妒心发作，出于动物性的本能，对儿子恶语相向，不管他做没做错事。

相反，如果丈夫对女儿露出温柔的微笑，妻子想到丈夫“对自己从没那样笑过”，就会开始嫉妒女儿，对女儿板起脸来，不知不觉还会欺负女儿。

“我正在帮你改正错误”的借口

嫉妒心发作的人会明显表现出不开心的样子，但本人往往意识不到“自己正在嫉妒别人”。

譬如，看到上司对同事格外温柔，你就会不由自主地因为嫉妒闹情绪。

即便看到自己的态度破坏了公司的和谐，你还是会固执地认为“自己这样做是理所应当的”。

这是因为当你嫉妒心发作时，会产生邪恶的想法，所以明明看到自己的行为破坏了公司的气氛，你还是会坚持认为

“自己正在纠正公司的不正之风”，并坚信“自己做的是对的”。

当你深信“我是为了帮对方改正错误”“我是为了告诉他正确的道理”“对方错了，我是对的”的时候，你便很可能正在嫉妒别人。

嫉妒心发作的人自己很难
察觉自己的嫉妒心

指导过度可能是因为嫉妒

嫉妒心越强，就越容易自掘坟墓，陷入孤独。

即使这种孤独只是你想象出来的，但是由于嫉妒，你还是会不停地为难那个同事。

看到上司日渐冷淡的态度，你会感觉“同事夺走了属于自己的关注度”，于是更加难以摆脱想象中的“孤独”。看到比自己更受重用的同事，又会深陷嫉妒的旋涡，难以脱身。

由此可见，当“属于自己的爱和关注度被剥夺”时，人们就会嫉妒心发作。但是，**嫉妒心发作真正的导火索却是“害怕孤独”。**

也就是说，如果有人和你争夺爱和关注，使你感受到“孤独”的恐惧，你的“嫉妒心”就会发作。

嫉妒心不断发作的你，会不停地破坏自己的人际关系。于是，“孤独”就会成为现实。你也将陷入嫉妒的恶性循环。

02

只因对方“比自己年轻”便焦躁不安

你在人群中隐身

当我们看到一个人“比自己更年轻”，即使他和自己没有血缘关系，我们还是会下意识地产生嫉妒心理。

前几天，我去参加了一个聚会。

当时，一位青年男士的旁边坐着一位明眸皓齿、非常可爱的女生。

看到这对年轻人相谈甚欢的样子，我有点犹豫是否要加入他们的谈话。在我迟疑观望时，忽然发现那个女生似乎毫不在意我的存在，甚至根本就没看到我。

我颇受打击，心想：“她竟然完全没注意我！”

实际上，这些年轻人只是一起聊得比较开心而已，并没有其他意图。而我却感觉他们是在拒绝我的加入，于是就板起脸来。

其实，我多少也意识到自己面部僵硬、怫然不悦的样子，但却无法控制自己。

不知在场的年轻人是否看到了我怄气的样子，我发现他们愈发无视我的存在了。

见此情形，我立刻气不打一处来。于是，在脑海里对他们大发脾气，批评他们“只顾自己享乐，不懂察言观色”“说的内容没有一点内涵”。看到那个聊得起劲儿的男生之后，我更加怒不可遏，甚至产生了想要杀人灭口的冲动。

回过头来看，会觉得这些想法真是“太丢人了”，但当时却真的很难控制自己。

当时一想到“年轻人总是备受瞩目”，我就忍不住嫉妒心发作。虽然我意识到自己的想法“非常丑陋”，自己也快要变成一个恶老头，但就是无法控制当时的心情。

可见，嫉妒心发作时，人们即使已经意识到自己态度恶劣，却很难控制自己。

嫉妒使人显老，连孩子也不例外

为什么我会因为对方比自己年轻就产生嫉妒心理呢？

这是因为我认为对方没有自己阅历丰富，没有自己懂得多，根本不如自己。但是，他们却吸引了大家的注意，自己反而无人问津。一阵“孤独”袭来，嫉妒心就此“发作”。

一想到今后自己越来越老，越来越不招人待见，而年轻人却越来越备受瞩目，就越发感到孤独。

因为年轻人抢了自己的风头就嫉妒心发作，然后认为自己的美好未来也会被年轻人剥夺，于是感到孤独。这种想法只是搬起石头砸自己的脚，这样的我只会不断跳入“孤独”的深渊，无法摆脱嫉妒。

有一天我在照镜子时，惊奇地发现自己竟然老了这么多。

当你因为嫉妒，不停地想象“年轻人会抢尽风头”“将来自己会变得更老更孤独”“不断老去”，心理暗示就会使你陷入一个怪圈。最后一语成谶，果真露出衰老的面容。

这是一个非常有趣的现象，因为你只是看起来显老，并非真正老去。这纯粹是嫉妒导致的。嫉妒心发作时，人们很难控制自己的表情，所以会看起来显老。

连孩子也会发生这种现象。孩子们嫉妒心发作时，同样会看起来像风烛残年的老奶奶或冥顽不化的老爷爷。

由此可见，当你因为年轻人抢了自己的风头，而产生嫉妒心理，就会看起来非常显老。

你一照镜子，看到自己这副老脸，又会开始妄自菲薄，认为“这副鬼样子活该被年轻人抢尽风头”。于是，你的妒火越烧越旺，你的容颜越发沧桑。

其实，这些道理你都明白。但是，只要一想到“年轻人抢了自己的风头”“年轻人比自己更受重用”，就会感到一种见弃于人的孤独，于是嫉妒心发作，难以控制自己。

03

“优越感的错觉”使人认为“我高于平均水平”

◎ 总是在攀比的路上，好辛苦

我们总爱和别人一较高下，常常在心中盘算“谁更优秀，谁更差劲”“那个部分我比他做得好”等等。

而且，**一般情况下，人脑具有“优越感的错觉”，因此，无论在哪，人们都会感觉自己“高于平均水平”。**

于是，我们常常想“虽然这个人本领不小，但我还是比他强”。

我们的长处可能是“年龄更大，阅历更广”“懂得更多”“腿更漂亮”“妆容更淡，皮肤更好”等等，总之，我们总能找到一点战胜对方。

这种“优越感的错觉”很容易激起人的嫉妒心。

因为我们认为“自己比对方强”，所以，看到对方比自己拥有的更多，就会嫉妒心发作，想要攻击对方。

譬如，看到明星出轨的消息，你可能会想让他“快点退出演艺圈”。其实这也是“嫉妒”的表现。

然而，本人却不承认这是嫉妒，心想“他这么渣，我这么说是应该的”。

这是因为这位明星的“出轨”，使你产生了“他不如我”的想法。

但是，身为明星的他“年薪却是自己的好几倍”。于是，你的妒火便熊熊燃烧起来。可见，我们不会单纯因为对方很优秀就嫉妒对方，而是感觉“自己更优秀”时，才会产生嫉妒心理。

◎ 她结婚竟然不跟我商量

有一位女士曾怒气冲冲地对我说：“朋友没跟我商量一下就结婚了！她真讨厌！”在这位女士眼里，“朋友竟然若无其事地瞒着大家，真是个叛徒”。

虽然她相信“自己说得没错”，但却总是闷闷不乐。很明显，这是因为她“难以摆脱自己邪恶的一面”。

此外，我们不会只是因为“那个女生更有异性缘”就产生嫉妒心理。嫉妒心发作还需要另一个条件，那就是“我更优秀”。

回到那位女士的故事当中，我们发现，其实她一直认为自己“温柔善良，待人真诚，比朋友更优秀”。

而且，她还觉得“朋友就是个骗子，和自己简直是天壤之别”。

因此，当她看到“不如自己的朋友竟然比自己先结婚”，便气得浑身发抖。

无法摆脱郁闷情绪，可能是因为自己产生了邪恶的一面

旁观者可能会说：“既然你觉得自己更优秀，那么，比起嫉妒别人，不如发挥自己的长处，追求自己的幸福。”

然而，嫉妒心发作时，你会被自己的邪恶面所控制，根本无法发挥自己的长处，于是只会不停地嫉妒别人。

04

什么人我们不会嫉妒

◎ 嫉妒的对象仅限于那些“不如自己的人”

只有对方不如自己，却过得比自己好时，我们才会产生嫉妒心理。

我们不会嫉妒那些出类拔萃的人。因此，没有人会嫉妒美国职棒大联盟的一朗选手（铃木一朗）。

可见，当我们认为对方很优秀，自己难以企及时，就不会产生嫉妒心理。

然而，面对花样滑冰比赛中获奖的年轻运动员，网上却有很多不满的声音。

看到这些声音，你可能想吐槽这些网友“明明做不出这么高难度的动作，有什么可不满的”，其实他们的不满正是嫉妒的表现。

一想到对方“年龄比自己小”，却“做得比自己好”，就忍不住嫉妒心发作，产生邪恶的想法，在网上肆意妄为。

接着，如果获奖运动员在采访中表现出谦虚的态度，网友会再次确定这个运动员“不如自己”，于是“嫉妒心变得更加强烈”。

运动员是为了避免遭人嫉妒带来的负面评价，才刻意表现出谦虚态度的。结果却适得其反。

“谦虚”只会让人觉得“还是自己更强”，由于嫉妒是一种动物性的本能，所以谦虚只会让对方的嫉妒越发强烈。

一朗选手很特别，他长期生活在美国，懂得不去表现“谦虚”或“柔弱”。他总是堂堂正正，落落大方。不知是否是因为他知道示弱会“遭人嫉妒，被人陷害”。总之，一般人基本不会嫉妒他。

英雄也会遭长辈嫉妒

以前，我在电视上看到过这样一则消息。一朗选手打破了一名美国著名选手的纪录，当时这位美国选手却狡辩“那不是真正的纪录”。

听到这句话，我就看出来“这位美国选手的嫉妒心正在发作”。他一定骄傲地认为自己“经验更丰富”“成绩更好”。

单纯因为对方比自己“年轻”，就产生嫉妒心理

其实他本来就看不起“小日本”，在他眼里只要“不是美国人”，就比不上自己。因此，看到一朗选手的成绩，他就很容易产生嫉妒心理。

一朗选手的粉丝听到那位美国选手的发言后，开始在网上骂他：“太肮脏了！”其实粉丝们之所以这么做，也是因为他们认为自己“比美国选手人格高尚”。

由此可见，“嫉妒往往伴随着自我感觉良好”，想到这个结论，我感到非常有趣。

CHAPTER 03

摆脱病态心理，未来会变得妙不可言

01

要意识到自己的嫉妒心理

◎ 嫉妒和上厕所一样稀松平常

前面几章为大家介绍了嫉妒心产生的原因。

那么，如何才能抑制嫉妒心发作呢？

答案是，**要意识到“嫉妒只是暂时性发作”。**只要努力做一些避免发作的事，“嫉妒心就会慢慢消失”。

一旦停止发作，“孤独”就不会成为现实，那么再次发作也会变得困难。这样你不仅不会产生邪恶的想法，还能够获得自由的人生。

为了避免嫉妒心发作，要先承认“自己可能也在嫉妒别人”。

由于嫉妒是一种动物性的本能，所以任何人都有可能产生嫉妒心理。

曾经我也认为“嫉妒太丑陋了”。但是，后来我发现人人都会嫉妒，嫉妒和上厕所一样稀松平常，于是感到如释重负。

只是单纯意识到这一点，就让无数人得到解脱。

当你经常批评、否定别人，总是怒不可遏时，要意识到“自己的嫉妒心可能正在发作”。这就是防止嫉妒心发作的重要一步。

只要意识到“自己正在嫉妒别人”，就能抑制嫉妒心的发作。

当我们在内心批判别人时，会坚信“自己是对的”。然而，这只是因为嫉妒使你产生了邪恶的想法，丧失了质疑自己行为的能力。

可能有人会说：“想帮助别人改正错误就是邪恶的想法吗？”其实我们有办法分辨这种想法是否是因为嫉妒。

你可以想象一下，“如果你帮别人改正错误”后，你们的关系变好了，那这就不是嫉妒。

反之，“如果你帮助别人改正错误”后，你们的关系变差了，那这就是嫉妒。

一旦你意识到自己“因为嫉妒，产生了邪恶的想法”，嫉妒心就会自动消失。

嫉妒心理发作时，尽量什么都不做

之前我们说过，嫉妒心发作时，你会“板起脸来”。

别人会注意到你“面无表情”的样子，你也能感到自己“绷起脸来”的窘态。

这时，如果你能意识到“自己正在嫉妒别人”，那么嫉妒心就能很快消失。因此，只要客观认识到“自己正在嫉妒别人”就够了。相反，如果想方设法地消除嫉妒心，反而会使自己的嫉妒心愈发强烈。所以，嫉妒心发作时，尽量什么都不要做。

周围的人看到你因为嫉妒而表情僵硬，会认为你“正在闹别扭”或是“不高兴了”，于是会把你看作不懂事的孩子，向你投来怜悯的目光。

然而，这种目光反而会使你感到“孤独”，内心的妒火越烧越旺。别人的同情和怜悯只会让你感到更强烈的“孤独”。

你可能想说：“咦？我感觉别人的同情和怜悯会帮助我消除孤独……”然而实际上，因为“孤独”的反义词是“融入”，所以如果彼此的关系不“对等”，你们是无法打成一片的。

因此，“同情”和“怜悯”无法消除孤独。归根结底，怜悯和同情洒向的是不如自己的人，所以这只会使你更加“孤独”，越发嫉妒。

因此，当你嫉妒心发作，表情僵硬时，要直接告诉对方“我正在嫉妒你”。这样你的嫉妒心就能立刻得以控制。

如果对方问道：“咦？为什么？怎么回事？”过度的解释可能会引起更强烈的嫉妒，所以要告诉对方：“只是暂时性发作，在停止发作之前，请让我一个人静一静！”

◎ 不要和第三个人商量

这时，对方可能会考虑“也许是因为自己，才让他产生了嫉妒心”，所以觉得“自己必须做点什么”，于是想要努力帮你消除嫉妒心。

然而，对方想要“做点什么”的心情却像强者对弱者的关怀，因此，对方的行为只会加剧你的“孤独感”，使你的嫉妒心愈发强烈。

有时告诉对方“我正在嫉妒你”，反而会惹恼对方，让对方感觉“你总是把责任推给我”。

如果告诉对方“我正在嫉妒你”，嫉妒心的发作就能很快停止

当然，惹恼对方也会加剧你的孤独感，因为你会感觉“对方无法理解自己”，所以，你的嫉妒心还是会更加严重。

这时，你要告诉对方：“没有没有，只是暂时性的发作，不是你的错！”然后，让对方什么都别做，嫉妒心自然就能得到遏制。

身边人的帮助固然重要，但是很多人并不知道如何帮助别人应对嫉妒心发作，所以往往会导致情况恶化。

因此，要告诉对方正确的做法，这样才能轻松消除嫉妒心。

其实，找第三个人倾诉可能会导致“嫉妒心发作变得更严重”。因为倾听的人会想当然地认为自己“必须做点什么”，因此会关心地问你“怎么了”“还好吗”。

这个时候的你越被关心，反而越容易嫉妒心发作。因此这样下去就“没完没了”了。

因此，消除嫉妒心最简单的方法可能就是“不和任何人谈心”。

02

那些愤怒、悲伤的情绪可能是别人的

◎ 身边人的情绪会传染给自己

我有一个大胆的猜想——你感受到的嫉妒可能根本不是你的嫉妒，也就是说，你大脑感受到的可能只是“别人的情绪”。

我去参加朋友的婚礼时，曾发生过这样一件事。

当时，我旁边坐着的那个人需要作为“朋友代表”进行致辞。我没有任何任务，本应“十分轻松”，却意外地非常紧张和激动。

不知为何，当时我的心怦怦直跳，食之无味，坐立难安，一直无法平静下来。

但是，当我身边那位“朋友代表”致辞结束后，我惊讶地发现“刚才的紧张立刻消失不见”。

正所谓，**“心灵感应”**，我终于明白**自己之所以紧张，**

是因为对方的紧张感染到了自己。

之所以会出现这种现象，是因为我们的大脑里有一个名叫“镜像神经元”的神经细胞。这种细胞是1996年意大利脑科学家发现的，因为它的存在，你只要关注对方，就能模仿对方大脑的状态。

因此，别人传给自己的紧张并不是自己的紧张。同理，你现在感受到的嫉妒可能也是“别人的嫉妒”。

当你因为别人受到称赞，而感到“愤怒”时，要试着问一下自己：“这真的是自己内心的嫉妒吗？”

如果感到“咦？可能不是的”，那就是你的大脑模仿了别人的嫉妒心理。即使物理上有距离，你的大脑还是能模仿对方大脑的状态。

这时，你要问一下自己：“这是来自谁的嫉妒呢？”于是，脑海中就会浮现出“那个人的脸”。

当你意识到“啊，他那么优秀的人也会嫉妒我啊”，就会感觉自己“比他更强”，于是对方就不会再嫉妒你了。对方认为你不如他时，很容易嫉妒你。一旦你比他更优秀，他就会不再嫉妒你。

◎ 这是自己内心的嫉妒吗

我曾经去参加过一个研讨会。

研讨会的老师面对那些年轻漂亮的姑娘时，态度很温柔，讲解很细致。但是，面对我时，却非常草率鲁莽。他的态度使我感到怒不可遏，妒火中烧，差点拍屁股走人。

我想："大家都是花了钱的，凭什么差别对待！"我知道自己没错，但一想到自己丑陋的嫉妒心理，反而更加心情不爽。我越想让自己"冷静下来"，那些年轻人就越是蹬鼻子上脸，老师也就越是差别对待，于是，内心嫉妒的火焰便更加难以熄灭。

这时，我试着问自己：**"这是自己内心的嫉妒吗？"**

于是，大脑告诉我："老师态度那么失礼，一定是在嫉妒你吧！"其实在我询问自己的那一刻，就已经感到："可能不是自己内心的嫉妒？"

然后，我继续问："这是来自谁的嫉妒呢？"这时，脑海中竟然浮现出研讨会老师的身影。我想，"啊！知识渊博的老师为什么会嫉妒我呢？"于是接着问自己："老师嫉妒我什么呢？"脑海中立刻浮现出一个答案——"拥有一个温暖富裕的家庭"。

明白“这不是自己内心的嫉妒”之后，就能摆脱嫉妒的魔咒！

起初我心想：“不不不！我家里那么拮据，怎么可能！”然而转念一想，“哦！肯定是因为他根本不知道我家里的情况啊！”于是便理解了他的行为。

我想到“那个老师可能生活在一个非常冷漠的家庭，所以特别孤独”，对他的嫉妒之心便立刻消退。

于是，不可思议的是，老师来到我身边的时候，一改刚才冷淡的态度，开始为我认真讲解。没想到“如果认为自己是学生，就一定比不上老师，反而更容易遭到嫉妒”，这一点颇值得深思。

一般情况下，当你感觉自己可能在嫉妒别人时，基本都不是来自自己内心的嫉妒，而是受到别人嫉妒的感染。

这是因为当你真正嫉妒别人时，会像动物一样发作，所以会遗失这段记忆。

当你毫无理由地感觉“对方都是错的”“好气愤”时，如果尝试问一下自己这是否是自己内心的嫉妒，你就会得到一个有趣的答案，故事的走向也会变得妙不可言。

03

穿越到十年后

◎ 认为对方“狡猾奸诈”的你，可能已经变成了一个三岁小孩

嫉妒心发作时，“大脑的神经网络会过度运转”。因此，大脑中的电流会刺激储存记忆的海马体。这时，人们就会“表现得像个孩子，不停地嫉妒别人”。

储存记忆的部位受到刺激，会使你“回到儿时的记忆”。

因此，嫉妒心发作时，你会表现得和孩子一样幼稚，不停地嫉妒别人。

小时候，爸爸妈妈总是把蛋糕上的草莓多分给弟弟几个，每当这时，我就觉得弟弟太讨厌了，所以非常嫉妒他。同理，看到比我先得到提拔的后辈，我也会觉得他“太讨厌了”，于是产生嫉妒心理，幼稚地想给他使坏，因为他肯定

在背后做了什么手脚。

这种情况下，**我们之所以“无法像大人一样成熟地思考问题”，不是因为“心理年龄小”或“心眼儿小”，而是因为“嫉妒心发作导致储存记忆的器官受到了刺激，使你回到过去”。**

受到大脑电流的刺激，记忆会重新排序，因此你会变成“三岁小孩”，总觉得别人“很讨厌”，总想像孩子一样要糖吃。如果总是嫉妒别人，认为别人“太讨厌了”，储存记忆的器官就会不断受到刺激，于是便难以脱离“三岁小孩”的精神状态，由此陷入恶性循环。

嫉妒心发作时会变成三岁小孩

不过，有一种方法可以消除这种刺激。那就是，**“模仿自己未来的大脑”**。

尝试过后，你会发现：“咦？嫉妒心不知不觉地消失了！”

有一个人非常嫉妒公司里的一个年轻人，认为：“他明明不工作，却受到上司和客户的喜爱，业绩很好，真是太讨厌了！”

甚至“开始厌烦那家公司”，打算辞职不干。他和身边的人商量了一下，有人说：“这种公司还是赶快辞了吧！”还有人说：“只要别把那个工作潦草的同事放在心上就好了！”大家众口不一，他反而更加凌乱了。

每次在公司看到那个年轻同事，他就会愤愤不平，以至于无法专心工作，频频出现失误。这时，他又把这一切都归咎于对方身上，导致自己工作起来更加心不在焉。

通过大脑沟通，穿越时空

于是，我告诉他这样一个方法——当自己因为嫉妒而“愤怒不已”时，想象一下**“五年后的自己”**。

他试了一下，发现好像有所好转。但他一想“哼，年轻只不过是一时的”，还是有些意绪难平。于是，我又让他试着想象一下“十年后的自己”，这次他发现：“咦？感觉一切都无所谓了！”他说他的脑海里浮现出南岛沙滩的美景，一想到“十年后自己可能在南岛度假”，就变得开心不已。

于是，以前从不敢靠近自己的那个年轻同事也来找他说话了。这时，他突然改变了对那个年轻人的看法，感觉“这个小伙子还挺不错”。这是一个非常有趣的案例。

前文我提到过“心灵感应”的现象，也就是说，如果身边的人很紧张，你也会变得很紧张。这个现象证明人们的大脑会在不知不觉中进行相互的沟通。

然而，现在的科学技术还无法测量大脑之间沟通的频率。

这也许意味着“大脑之间沟通的频率可能超过了光速”。如果超过光速的话，时空穿越也将成为可能。也就是说，也许真的有一天你会和未来的自己进行沟通。

如果身边有一个人“非常紧张”，你的大脑就会自动模仿他的大脑状态，导致你也变得很紧张。这时，想象一下“十年后的自己”，你的大脑就能超越时空，与十年后的大脑联通。于是，现在的大脑就会“模仿十年后的大脑状态”，你就会变得和十年后的自己一样沉静而愉悦。

一旦三岁孩子的大脑开始模仿十年后的大脑，嫉妒心就会得到控制。不知不觉，你会获得一种心如止水的境界。

◎ 对朋友不回信息的行为“毫不在意”

有一位女士曾在一个女性聚会上对另一位女士嫉妒不已，心想：“为什么她总能成为话题的焦点？真是太讨厌了！”

然而，她越是嫉妒人家，却越是感到孤独，好像“只有自己被孤立了”，身边的人都在背后说自己的坏话。

在LINE（日本的社交软件，类似于微信）上看到对方不回自己的信息，就开始疑神疑鬼，心想“为什么她只忽略我的评论”“一定是那个女人干的坏事”等等，于是怒火中烧，开始暴饮暴食。

这时，我让她想象一下“五年后的自己”。结果，她惊讶地意识到：“自己为什么非要成为话题的焦点呢？”

“把话题交给那个女人，自己多轻松啊。”五年后的自己告诉她。于是，她不禁十分佩服“五年后的自己”。

只是想象一下“十年后的自己”，
便能获得心灵的宁静

当你打开LINE的群聊界面，瞬间感到嫉妒心会发作时，只要想象一下“十年后的自己”，就会意识到“不必一一检查每条信息”，于是就能心平气和地关掉那个画面。

心血来潮时发条评论，反而会发现“大家都在回应自己”。这也是一个非常有趣的案例。

只要你把现在的大脑和五年后、十年后或十五年后、二十年后的大脑连接起来，不知不觉嫉妒心就会消失，你也能和身边的人打成一片。

04

要真心为别人的成功而高兴

◎ 口头上的恭维大可不必

一旦养成嫉妒的习惯，看到别人一丁点儿的成功也会嫉妒心发作，表情僵硬。

朋友获得成功，大家都会为他感到高兴。但是嫉妒心发作的你虽然能刻意表现出开心的样子，却无法发自内心地表示祝福，因此也无法融入大家。

这时，你问问自己："这是来自我心底的嫉妒吗？"再想象一下"十年后的自己"，嫉妒心就会逐渐消失。

嫉妒心快要发作时，只要能确认那不是自己的嫉妒，嫉妒心便不会发作。而且，你会发现："我可以和大家一样发自内心地为他感到高兴了！"这样的你不需表演，便能活出真实的自我。

过去，每当我看到别人成功时，就觉得"必须要装作非常开心的样子”。

虽然我一点也不开心，却总是皮笑肉不笑地说：“太好了！”有时还会担心僵硬的表情会不会暴露自己的真实想法。

过去的我是个令人讨厌的家伙，无论对方多么功成名就，我都会觉得：**“什么嘛！根本没什么了不起！他只是运气好而已！”**嫉妒使我产生邪恶的想法，心理扭曲，“完全无法和大家同喜同乐”。

所以，当别人为我的成功感到高兴时，我也无法从心里接受别人的赞美，只会觉得“反正他只是口头上说说，不必当真”。

嫉妒心的发作会使人“表里不一”。因此，对方越是为我感到高兴，我反而越是担心“对方别有用心”。

但是，自从我的嫉妒心不再发作，每次看到别人获得成功，就不会再产生邪恶的想法了。

而且能真心地为别人的成功感到高兴，还能坦率地认可对方的能力。

◎“同喜同乐”

不停地嫉妒别人，会使自己产生邪恶的想法，不断破坏自己的人际关系，最后变成“孤家寡人”。

一旦摆脱嫉妒，我便能对别人的成功感同身受，与大家同喜同乐。当我打心眼儿里和大家一样感到高兴时，便体会到了“孤独”的反义词——“融入”。

我不禁感叹，原来和大家同喜同乐是这么愉快的体验。过去受到嫉妒的影响，无论做什么都开心不起来，但是当我能为别人一丁点儿的成功或幸福而感到高兴时，我便能和大家打成一片，获得内心的安宁。

嫉妒心发作时，一看到别人成功，我就会愤愤不平地抱怨道：“为什么成功的总是他！”

虽然我告诉自己“与其羡慕别人，不如自己好好努力”，但是，由于我产生了邪恶的想法，所以只能感受到愤怒，根本没有奋斗的动力。

自从我摆脱了嫉妒，能够为别人的成功而感到高兴，并获得一种“融入感”后，便不可思议地充满干劲儿。我在心里告诉自己：“好！我也要开始努力了！”于是开始挑战过去做不到的事情，也看到了过去忽略的美丽风景。

虽然有句话叫“同喜同乐”，但是过去我一直认为“这样做一点好处都没有”。

然而，当我摆脱嫉妒，能真心与别人同喜同乐之后，我也懂得了一个道理——**“如果能和他人同喜同乐，自己也会**

嫉妒心消失后

看到别人成功，就好像自己成功了一样高兴

受到影响，走向成功”。

起初，我以为只有心理扭曲的我有这种想法，后来我发现，并非只有我一个。

在成功者的影响下，自己也会走向成功

曾有一个人长年身体不适，精神不济，总是没有干劲儿。

自从他摆脱了嫉妒心理，立刻就有了干劲儿，开始奋斗。而且也能真心为别人的成功而感到高兴。

他越是能和大家一起为别人的成功而感到高兴，便越能朝着成功的方向“不断提升自己”。谁能料想到他曾经是那样萎靡不振的一个人啊。

他曾经性格那么扭曲，根本无法与别人同喜同乐，如今竟然能如此坦率地为别人的成功而感到高兴，而且还在成功者的影响下，不断走向成功。看到他的变化，我真是又惊又喜，感觉他真是太厉害了。

看来一直刻意假装高兴似乎没有什么意义。

摆脱嫉妒之后，我才学会真心为别人的成功而高兴。

因此，我也获得了“融入感”和自由，甚至感到成功之路变得更加宽阔。

CHAPTER 04

如何应对别人的嫉妒心

01

哪种人容易遭受嫉妒和攻击

◎ 明明表现得很谦虚、很差劲

嫉妒别人是一个痛苦的过程，被别人嫉妒也是非常痛苦的。

一旦遭人嫉妒，对方就会扯你的后腿，说你的坏话，不听你的安排……即使你一点错都没有，但对方就是不断攻击你。所以，我总想尽量免遭嫉妒。

那么，哪种人容易遭人嫉妒呢？

容易遭人嫉妒的人的**特点是，“为了不被批评，故意表现出认真谦虚的样子”。**

有的人很优秀，却总保持着谦虚低调的态度，以免“被人批评”。其实这是因为他曾有遭人嫉妒的痛苦的经历。他们“不想再有那种痛苦的遭遇”，为了免遭批评，他们努力活得认真而谦虚。

殊不知，身边的人就是因为他的“认真”和“谦虚”才嫉妒他的。

身边的人认为性格谦虚的人“会比自己更容易受到别人的优待”，因此他们感受到了威胁。

认为“自己更优秀”的人会不停地攻击那些为人谦逊的人，不停地在鸡蛋里面挑骨头。

当然，被攻击的人会感到莫名其妙，因为他们一直小看自己，所以完全想不到自己会给对方带来威胁。于是，他们会不断地揣测对方的想法，努力“改正自己的错误”。结果，这种谦虚的态度反而让对方的嫉妒心愈演愈烈，最终陷入一个恶性循环。

◎ 绝对不要扮演弱者

容易遭人嫉妒的人的另一个特征是“爱扮演弱者”。

其实动物和人都会在“东西被抢夺”时，本能地攻击对方。

我是在信仰基督教的家庭中长大的，因为害怕“如果不活得堂堂正正，就会下地狱”，所以我过去一直认为“必须认真地活着”。

而且，由于我害怕“做坏事会下地狱”，所以成功地成为别人嫉妒的对象，不断受到别人的欺负。

可是，我受到朋友的欺负后回到家，又被母亲生气地训斥道：“哭什么哭！如果右脸被人打了，就把你的左脸伸过去。”于是我不断修炼这种“高尚情操”，完全没意识到这反而会激起更多人的嫉妒。

然而，学校就像嫉妒的大本营，我被欺负得越来越惨。

遭受嫉妒和攻击的孩子会认真地反省，提醒自己“必须更加好好表现”，久而久之会养成时时刻刻察言观色的习惯。

错把父母的攻击当作“爱”的人，在其他的人际关系中，也会认为“是自己不好，所以遭受攻击”“别人这么做可能是在为我考虑”，于是总是陷入任人摆布的境地。

那些嫉妒你的人为了消除自己的焦虑，会利用你的谦虚，不停地攻击你这个弱者。

动物世界遵守优胜劣汰的法则。鸟就是这样，假如鸟巢里有四只雏鸟，如果其中一只鸟很虚弱，其他几只鸟就会把这只虚弱的鸟淘汰掉。

因为动物的行为都是出于本能的，所以它们不会停止这种破坏性的行为。

乍一看，它们似乎是为了“淘汰弱者”，才把那只虚弱的雏鸟排挤掉的，然而实际上却是因为它们看到那只虚弱的雏鸟总能从母鸟那里获得更多食物，产生了嫉妒心理。

幼年时期一生病就想获得母亲关爱

人类社会同样会有这种现象。

如果你表现得很柔弱，周围的人在表现上会对你说：“唉，真可怜！”装出同情你的样子。但是，大脑中却在批评你：“撒什么娇！”他们早已对你产生了邪恶的想法，在心里把你骂得狗血喷头。他们的情绪还会通过大脑的神经网络传递给你，于是你会感到“受到了攻击”。

小时候，总以为“如果感冒了，妈妈就会对我特别温柔”，所以我常常让自己感冒。但是，后来我发现父母照顾我时，只是表面上很体贴，其实他们已经很累了。

即便如此，我还是没有停止扮演“弱者”。

一旦变成弱者，就会被欺负

无论在动物世界，还是在人类社会，弱者都会被淘汰

一旦陷入遭人嫉妒的恶性循环当中，便很难全身而退，遭人嫉妒的桥段会不断重复上演。

当我明白如何做会遭人嫉妒和攻击之后，便不再需要扮演弱者。

我终于看清了现实，**生病并不会获得体贴，只会遭人嫉妒。**

02

不要过于在意别人的感受

◎ 无论逞强还是体贴，都会被欺负的原因是什么

与“扮演弱者”相反的是“爱慕虚荣”。

因为扮演弱者会遭人嫉妒和攻击，所以我总是表现得爱慕虚荣，故意夸张地“装作很强大的样子”，骄傲蛮横，攻击对方。

上初中时，我因为扮演“弱者”而遭到了欺负。所以进入高中后，我想“那就装作很强大的样子吧”，于是开始爱慕虚荣。这是高中常见的戏码。

不过，说到底我只是害怕别人的嫉妒伤害到自己，才故意装作很强大的样子。

因为内心还是弱者，所以反而容易招致周围人更强烈的嫉妒心理。当我委屈地想“为什么我总是遭人嫉妒”时，便陷入了遭人嫉妒的无底深渊。

我不得不表现得越来越爱慕虚荣，迫不得已地谎话连篇。而那些心怀叵测的人早已看透了我的本质，对我产生了嫉妒心理，乘虚而入，对我颐指气使。即便如此，我还是无法停止假装傲慢。

我曾想“也许索性做个坏蛋，就能摆脱这种状况了”，于是在背后说人坏话，故意表现出飞扬跋扈的样子。

虽然态度恶劣时不会被人看扁，但坚持不了多久我就会觉得对方有点可怜，因为我坏得并不彻底，所以常常优柔寡断。

实际上，**“坏得不彻底”正是容易遭人嫉妒的人的特征。**

犹豫就是“软弱”的表现，所以对方会嫉妒心发作，产生邪恶的想法，开始攻击我。但我却觉得对方是“狗咬吕洞宾，不识好人心”。

对方之所以会恩将仇报，是因为我的友善点燃了对方嫉妒的火苗。

当我体贴地向对方伸出援助之手时，对方却冷漠地避开，并且对我说：“别以为自己有多了不起。”这也是因为我激起了对方的嫉妒心。

◎享受自己人生的人不会遭人嫉妒

有的人同样对别人很友善，却不会遭人厌烦。为什么自己这么做却会遭到攻击呢？

这是因为你不想被别人讨厌，不想成为别人眼中的恶人，由于你竭尽全力地考虑别人的感受，所以导致“压力在大脑堆积，增强了大脑的电流”。

“过于考虑他人的感受，会导致压力在大脑堆积，增强电流。”也许这就是容易遭人嫉妒的人最大的特征。

上学的时候，我曾听说过这样一个实验，有两只猴子被关在笼子里，每隔20秒就会遭受一次电击。问：“只能逆来顺受的猴子和可以操纵命运的猴子，哪一只会最先生病？”实际上，那只总是为对方考虑，不断掀动压杆的猴子会死得更早。

在大脑中，“如果过于考虑他人的感受，会导致压力堆积，无法缓解”。

前文我也说过，我们的大脑里有一种叫作镜像神经元的神经细胞，它的存在使我们只要关注对方，就能模仿对方大脑的状态。

因此，如果自己的大脑压力过大，神经紧张，那么当对方关注我们时，通过模仿，对方的大脑也会压力过大，精神紧张，这样就会导致嫉妒心发作。

无忧无虑的人由于大脑中没有压力，所以“不会遭人嫉妒”，于是会越来越自由。

当你非常在意别人的评价，失去自由时，就会忍气吞声。殊不知越是忍耐，大脑的压力越会堆积，电流越会增强。

对方感知到你大脑中的电流后，“叮——”他的嫉妒心就开始发作了。

对方的嫉妒和攻击又会使你的心理压力进一步加大，由此陷入恶性循环之中。

过于考虑他人的感受，
会使压力堆积，大脑电流增强

压力堆积带来的电流会激起
周围人的嫉妒心理

变得容易受到攻击

03

只要意识到“他正在嫉妒我”就够了

◎ 首先要把握特征：表情僵化、单方面攻击等等

那么，如何才能避免遭人嫉妒呢？

答案就是，就像自己嫉妒别人时一样，要意识到“这个人正在嫉妒我”。明白“嫉妒心发作的特征”之后，就能轻松地进行鉴别了。

前文我也提到过，嫉妒心发作的人最大的特征是**“面部僵硬”**。

人们嫉妒心发作时，脸部肌肉活动起来会有些困难。

明明已经笑容僵硬，绷起脸来，本人却因嫉妒心发作而难以控制自己。

看到对方这样的表情，你可能会想“我是不是说了什么不该说的”“是不是哪里说错了”。其实，你之所以会有这样的感觉，是因为对方正在嫉妒你。

对方面部僵硬时，很可能是在嫉妒你

当你发现**对方对其他人从来不是那种态度，只针对你**时，也证明对方正在嫉妒你。这也是嫉妒心发作的一个明显的特征。

比如，有的人即使讲话非常无聊，上司或同事还是会认真地倾听，随声附和。好像他说的话多么精彩似的。

可是，等到你说话时，“大家却表情僵硬”，毫无反应，于是你可能会怀疑“是不是自己说的话太奇怪了”。

但是，这种情况下，“周围人正在嫉妒你”的概率是相当高的，这个猜测基本没错。

由于大脑神经网络的作用，有时明明是对方“嫉妒心发作”，我们却错以为是“自己说话太奇怪”。这样会使自己“越来越担心，越来越紧张”，最后甚至无法在大家面前顺畅地说话。

因此，如果你能意识到“大家都在嫉妒我”，并气愤地认为“嫉妒别人一点用处都没有”的话，就会发现自己“不紧张了”。**当你愤怒地说出“不要嫉妒别人”时，对方的嫉妒就能立刻消失得无影无踪。**

◎ 上司不再对我性骚扰了

嫉妒心发作的另一个特征是**“会产生邪恶的想法”。**

嫉妒心发作的人会常常闹别扭，认为“一切都是你的错”，对你进行精神攻击，让你具有负罪感。这些无意识的自发行为都是由于嫉妒心的发作。

嫉妒心发作引发的“邪恶面”中，最典型的就是“性骚扰”和“权力骚扰”。上司有时生气地批评你“为什么不认真工作”，其实也是因为他“嫉妒你”。

对方开始对你进行精神攻击的那一刻便是对方“嫉妒心发作”的时候。上司在公司里问你“有没有男朋友”，这既是“性骚扰”，也是由于“嫉妒心发作”。

但是你却会受到精神伤害，感到“很郁闷”。

上司之所以会伤人自尊，说话轻佻，是因为嫉妒心发作，使他产生了邪恶的想法，所以无意中便说出了那些伤人的话。

也许你认为“自己根本没什么值得嫉妒的地方”，但由于嫉妒是一种动物性的本能，所以，味道等芝麻大点的小事就会激起对方的嫉妒心，让对方没完没了地发作。

男性上司用“下流的眼神”看女员工时，也是由于上司认为“她明明没有我强（却拥有这么多），真是太讨厌了”，嫉妒心发作使他产生了邪恶的想法。

上司根据性别差异，一直认为“男性比女性强”，所以一旦发现对方一丁点儿优秀的地方，便会嫉妒心发作，想“毁掉她”。因此，就做出了性骚扰的举动。

如果女性“因为对方带有性暗示的目光，感到好恶心”，就会变成弱者，这也会让对方得寸进尺。

然而，如果你发现“他正在嫉妒我”，**准确地意识到“对方的嫉妒心正在发作”后，对方的嫉妒心反而会得到控制。这是一个值得深思的问题。**

04

装成朋友的人

◎ “我是出于好心”“都是为你好”

权力骚扰和性骚扰都是嫉妒心理明显的表现。但是，嫉妒还有一些不易发现的情况，比如：当对方说“我是出于好心”或“我是为你好”的时候。

你向朋友倾诉烦恼的时候，朋友会给你非常好的鼓励和建议，比如“你不是很努力了吗”“再多为自己活一点不是更好吗”等等。然而，其实这些体贴的朋友可能也在心里默默地嫉妒你。

你可能会感到不可思议，心想：“咦？朋友明明很体贴地倾听了我的话呀？”

然而，你向对方倾诉的那一刻，对方便自动地认为“这家伙不如自己”，于是就会嫉妒心发作。

这种情况下，从对方的表情和态度上很难看出对方的嫉妒心理。

因此，当你判断对方的建议是否出于嫉妒心时，要仔细倾听自己内心的声音。

当你发现和一个人谈过心后，明明没过多久，你便想“再找她谈心”，这时对方很有可能在嫉妒你。

对方可能非常友好地倾听了你的烦恼，但你并不了解对方真正的想法。嫉妒心发作时，对方也很难察觉“自己产生了邪恶的想法”。但是嫉妒的电流确实流淌在对方的大脑中，因此对方的妒火会波及你，给你的大脑带来伤害。

你向对方倾诉完后，可能会感觉“为什么倾诉过后没有变得更轻松？”“必须再找她谈谈心”，其实这是因为这些想法背后隐藏的是对方给你带来的伤害。

倾听你烦恼的人也可能嫉妒你

常言道，“别人的不幸就是自己的幸福”，体贴地和你谈心的人会在不知不觉中给你带来伤害，使你变得更加不幸。

另一个不易察觉的嫉妒行为是“不做你交代的事情”。

有一个丈夫，邻居都夸他“体贴优秀”，但妻子拜托他做三件事时，他肯定会漏掉一件。

而且和他说话总是鸡同鸭讲，他每次都会忘记妻子拜托的事情，导致妻子非常生气，心想：“他应该是故意这么做的吧？”

丈夫：你让我往东，我偏要往西

嫉妒心发作时，会健忘。

比如，“不记得说过什么”“遗忘后立刻推诿责任”等等，乍一看会有一种“咦？那个人是不是精神恍惚”的感觉。

有的丈夫虽然表面上看上去是非常好，但由于嫉妒妻子，好像“健忘了”一样，会出现“不按妻子说的做”的情况。他间接地攻击了妻子，一点一点地给妻子带来伤害。

丈夫认为“自己是男人，所以比妻子强”，“自己在外赚钱，所以地位高”，优越感的错觉使丈夫误以为“自己更强”。

有时嫉妒表现为“不按你说的做”

这种情况下，丈夫一旦感觉“妻子正在命令自己”“妻子快成家里的主人了”，嫉妒心就会发作，产生邪恶的想法。

此时的邪恶想法表现为“不按妻子说的做”，由此攻击对方。

虽然丈夫表面上很体贴，但当你发现自己身体变差，精神萎靡之后，一定要想到“自己之所以这么苦，都是由于丈夫的嫉妒心发作”。

05

性骚扰和权力骚扰源于嫉妒

◎ 对他人的嫉妒心理“置之不理”

当你责备自己“可能是我有问题”的时候，很容易被周围人嫉妒。如果遭到别人的嫉妒，一定要意识到“对方正在嫉妒我”。

只要你意识到这一点，对方嫉妒心发作所带来的电流便不会影响到你，你也不会再一直责备自己。

只要意识到就好，什么也不要做。

当对方嫉妒心发作时，如果你总想“必须做点什么”的话，对方的“嫉妒心反而会越来越强烈”。所以需要“无视发作”。

走路时要无视那些嫉妒你的人，乍一看这种做法可能会让“对方更加孤独”。

然而，这种做法隐含的却是“相信对方能自己摆脱嫉妒”的“对等意识”。这样一来，嫉妒心发作的人不仅不会孤独，而且会产生安全感，因为有人相信他能自己解决问题。不知不觉，嫉妒心便很难再次发作。

◎ 与过度呼吸症候群的发病原理一样，放任不管就能得到控制

刚开始做这份工作时，有一个在旧金山召开的专家研修活动，我和另一个工作人员负责料理活动参加者的事宜。

飞机飞了好几个小时，终于抵达了机场，这时有一个人跑来跟我说：“那个工作人员过度呼吸的病犯了！”我当时着实吓了一跳。

过度呼吸是指人由于过度紧张或担心，导致呼吸急促，呼出的二氧化碳过多，使血液倾向于碱性，最终呼吸困难，陷入晕厥的症状。

由于当时是专家研修会，所以有很多神经科的医生。这些医生纷纷过来查看病情，开始照看这个工作人员。还有人建议“把纸袋放在他的嘴上”。

然而，医生们照顾得越周到，那个工作人员反而呼吸得越急促，这让我大吃一惊。我是负责照顾大家的，所以三更

半夜的就被叫起来了。因为那个工作人员过度呼吸，我整晚没睡，睡眠不足导致我什么都做不好。

我常常给过度呼吸症候群患者讲上面这个故事。

当“女儿呼吸过度，非常危险”时，我会教给她“无视发作法”。

越是想办法应对发作，反而越会频发。应该将正在发作而倒下的女儿“放任不管”，也就是说“千万别碰她”。

她妈妈试了一下，惊奇地发现，“啊！女儿的过度呼吸治好了。”

◎ 最好不要反省，也不要思考应对方法

这种“无视发作法”也适用于“嫉妒心发作”。

有一位女士过去面对丈夫婆婆妈妈的攻击时，总想努力缓和丈夫的情绪，心想：“根本没那回事！丈夫为什么会为这种事生气呢？”

自从她采用了**“无视嫉妒法”**之后，发现，“啊！丈夫的嫉妒心消失了。”于是就明白“嫉妒心只是一时的发作而已”。

有一个员工看到上司嫉妒心发作，对她进行“权力骚

扰”时，过去总会努力向上司解释“自己不是坏人”，然而，自从她意识到“啊！上司正在嫉妒我”，并且不在意上司的行为之后，惊奇地发现，“咦？权力骚扰消失了。”

面对权力骚扰，如果你只是觉得“太讨厌了”，那么对方就会持续攻击你。但是，如果你意识到“这只是一时的发作”，并且不在意对方的举动，对方的发作就会停止。

有一位女士说：“邻居总是对我冷嘲热讽，所以我尽量躲着她，结果她反而在背地里说起了我的坏话。”于是感到非常困扰。

然而，当她意识到“这只是由于对方嫉妒心发作，产生了邪恶的想法”，就能“无视对方的嫉妒”，放松下来。

自从她变轻松后，之前总是说她坏话的邻居反而笑眯眯地和她亲近起来，于是她更加明白，“哦！之前真的是因为嫉妒啊。”这也是一个非常有趣的案例。

总之，如果我们总是反省“我是不是哪里得罪了对方”，总是思考“如何才能缓和对方的怒气”，那么，“大脑的压力一定会不断堆积”。

你的压力会将信号传递给对方，激起对方的嫉妒心，导致对方“嫉妒心的发作停不下来”。

如果你明白“对方是因为嫉妒心发作，产生了邪恶的想

面对权力骚扰也是

如果不在意的话

就不会继续受攻击

法，所以总是攻击我”，就会发现“咦？这样想好像就没有压力了”。就像在动物园看猴子一样轻松舒适。

然后，当你明白“无视嫉妒法”的原理——“不作为就会停止发作”之后，就能提醒自己“什么都不要做”，这样就不会去在意对方。这样一来，你会发现“对方的嫉妒心不知何时消失了”，因此，“无视嫉妒法”是非常有意思的。

CHAPTER 05

自卑感的真面目

01

“要是有机会，我肯定能比他做得更好”

◎ 沟通、学习……虽然羡慕，却不努力

因为对方具备自己没有的东西，所以羡慕对方……

因为自己做不到的事，对方却能轻而易举地做好，所以羡慕对方……

你有没有羡慕过别人呢？

“我不会做××”“我很差”……这些否定自己的想法就叫作“自卑感”。

我们常常有这种感受——“虽然自己做不到，但他却有能力做好，真羡慕”。你可能认为自己之所以自卑，是因为“自己还有很多不足之处”。其实并非如此。

实际上，你的自卑感和别人的嫉妒心有非常紧密的联系。

本章我将按顺序为大家说明“嫉妒心”和“自卑感”的

关系。

我想了一下我的自卑之处，先想到的是“不善言谈”。

小时候，“我特别羡慕那些在学校能和别的小孩愉快聊天的人”。每次只要我一加入同学的聊天，气氛就会突然冷下来，大家的交谈也会停止。

但我还是死乞白赖地想加入他们，结果却反遭霸凌，被骂“大傻子”。我想不明白“为什么只有我不行”，于是伤心地哭了起来。结果又被骂“哭鼻虫”，被欺负得更惨。

曾经我还羡慕过另一种人，就是那些学习好的人。

我总是想象着“要是我也能和他一样学习好的话就好了”，却“完全学不进去”，总是半途而废。我既不写作业，也不进行预习和复习，我的“羡慕”只是口头上说说而已。

其实我也知道学习好的人会好好写作业，在家里会安排好学习时间，认真进行预习和复习。但我就是无法采取行动，改变自己。

虽然在学习上我并没有付出努力，但在交谈上我尝试了很多方法。

我在图书馆借了很多有关“有趣的说话方式”、笑话集锦的书，心想“这些内容也许能用在说话当中”，所以看得非常认真。

然而，由于书中写的都是面向成人的高级笑话，因此我和大家讲起来的时候，大家的反应非常冷淡，不知我在说什么。

于是我非常伤心，心想“自己的说话方式果然有问题”。所以，看到那些什么都不想就能和大家愉快聊天的人，便佩服得五体投地。

我以前一直认为自己既没有“愉快聊天的能力”，也没有“学习能力”，因此，只能眼巴巴地羡慕那些有能力的人，所以产生了自卑感。

我认为越是羡慕别人，自己反而越是难以付诸行动和努力，所以会“越来越自卑”。

然而，在给别人做心理咨询的时候，我发现好像和我之前想的不太一样。

比如，有一个来访者看到有人获得文学奖的消息后，满心“羡慕”，闷闷不乐。从他的故事中，我发现他并不是因为自己没有才华才羡慕别人的。

我明白了原来他是因为“明明自己也有才华，但别人却有被认可的机遇”，所以才“羡慕别人”的。

自从我干起这行之后，很多人都对我说“真羡慕您的工作”。其实大家说这句话的时候，还隐含着另一层意思——“这种只需听人说话的工作我也能做”。这也是最通俗易懂的一个案例。

我也能做到

“羡慕”这个词，乍一看会让人觉得“是因为别人具备自己没有的东西，所以羡慕别人”。其实并非如此，你之所以会“羡慕别人”，是因为你认为“如果自己也有机遇，也具备条件的话，会比他做得更好”。

其实我过去也认为“自己本应该擅长和别人愉快聊天”的。

实际上，从我小的时候起，我就很享受和大人聊天的过程。虽说大人会照顾小孩的情绪，但我和大人们聊天时，确实从没有陷入过沉默之中。

在学习方面，虽然上大学前我从不会做作业，但上大学之后，我总能在截止日期之前提交作业，考试前会比其他同学更努力地学习，成绩也在不断提高。

当你“羡慕别人”时，你真正想的是，“本来我应该和他差不多，或者比他更优秀的。”

但是不知为何，你却无法发挥自己的能力。

其实，之所以无法发挥能力，这和“嫉妒心的发作”有很大关系。

接下来，我向大家详细介绍一下其中的原理。

“羡慕”的背后是认为“自己也能做到”

02

不要对自己的短处反应过度

◎ 每每聊到“学历”的话题，气氛就会凝固

过去我在公司上班的时候，我的上司为自己的头发感到很自卑。

这位上司头顶上总有一团蓬蓬的头发。虽然公司的前辈对我说过：“千万不要盯着那顶假发！”但一开始我以为“前辈是在逗我开心”。

有一天，上司跟我谈工作的时候，我轻轻地瞥了一眼那团头发，想确认一下上司是否真的戴着假发。

就在那一瞬间，上司突然对我横眉冷对，不再喊我的名字，晚饭聚餐时也唯独不邀请我。

于是，前辈对我说：“看！我不是跟你说过了吗！”这时我才震惊地意识到“前辈不是在开玩笑啊”。

在那家公司，聊有关“头发”的事情是一个禁忌，比

如，如果有人说：“啊！头发掉了！”“你剪头发了吧！”上司就会非常生气，即使他没有看过来，你也能感到气氛紧张得令人窒息。

如果是别人的事，我们会觉得“别在意这些事情，堂堂正正地活着不就好了吗”，但同样的事情发生在自己身上时，却很难意识到这一点。

因为我认为“自己不擅言谈”，所以如果有人跟我说“某某说话真有意思啊”，我就会和那个戴假发的上司一样，表情僵化。甚至能感到周围空气凝固。

虽然自己意识到“这种想法太丢人了，还是不要反应这么强烈了”，却完全僵在那里，动弹不得。

由于“无法与人愉快交流”的自卑感，即使听到无关人士的话，还是会联想到自己，做出反应。

有时，我只是听到学历高的后辈和别人聊起大学上课的事情时，都会感到自己非常卑微，涌出泪水。

我甚至因为后辈说话时没有考虑到我没考上日本的大学，就对他怒不可遏，甚至产生了杀意。最后什么也做不了。

当时的我因为自己不擅长学习而感到自卑，所以对后辈的话反应过度，表现得非常不成熟。

但是，当时的自己既无法凭意志停止对“学历”一词的过度反应，也无法控制自己的情绪。

◎ 打消积极性的“习得性无力感”

仅仅听到学历、晋升、结婚、生娃等等关键词，
心灵就会受到打击

其实这个现象非常有趣。

有人仅仅听到和“学历”相关的话题，就像被雷劈了一样，受到打击，陷入非常郁闷的情绪之中。

对“说话”这个词反应过度，即使受到夸奖的人与自己毫不相关，脑子还是会像过电一样受到“打击”，然后心灰意冷地想：“自己果然还是不擅长说话啊。”感到无比气馁。甚至像回到幼年时期一样，想到“以后我再也不想和任何人说话了”。很难采取行动。

其实，这种状态和**“习得性无力感”**的状态是一样的。

习得性无力感是指如果长期被施加压力，就会放弃逃离那里。

下面和大家讲一个用小狗进行的实验。

有人把一只狗放进一个通电的笼子里，这只狗刚开始还会反抗，但受过多次电击之后，慢慢地就不再反抗了。

然后，通电的笼子被拆除之后，这只狗仍然记着被电击的痛苦，所以不敢离开原来的地方。

像这样，即使受到电击还是无法逃离的状态就叫作“习得性无力感”。

小时候，父亲的公司差点倒闭，那段时间每次吃晚饭时，都非常安静。看到大家都沉默地吃饭，身为小孩子的我总想缓和一下气氛，聊些有趣的话题。

结果，父亲不仅一点没笑，反而生气地说“小孩子牛什么牛”，接着狠狠地批评我“为什么不会收拾东西！为什么让妈妈伤心”，还打我的屁股。我只好大声说“对不起”，

习得性无力感是指

同理

当你听到和自己的自卑情绪相关的“关键词”后，
就像受到电击一样，僵在原地

抽抽搭搭地哭了出来。

看到妈妈被奶奶欺负得很难过，为了让妈妈开心起来，我就讲了一个笑话，结果妈妈却“啪”地扇了我一耳光，我只好一边道歉，一边哭了起来。

◎ 父母的训斥会造成心理创伤

越想“缓和气氛”“让别人开心”，反而越会被骂“牛什么牛”，被殴打，被扇耳光，就像“不断受到电击的狗”一样，久而久之，人们会产生“无力感”，“僵在原地无法动弹”。

在学习方面，妈妈总是生气地说我“为什么学不好”，还总是打我骂我，不断对我施加压力 。

妈妈之所以生气，其实是出于嫉妒。妈妈心里想的是“我当年想学习都没有可以学习的条件”，“你明明没有我聪明，却生长在这么好的环境”，所以妈妈感到愤愤不平。

而我像不断受到电击的狗一样，一听到与“学习”相关的字眼，就会突然变成无力的状态，僵在原地，什么也做不了。

因此，一说起“学历情结”的相关话题，我就像受到电击一样，心情郁闷，表情僵硬。

03

我是金子，终会发光

◎ 总认为“凭借自己的力量无法逃离现状”

其实我最近才认识到“习得性无力感”。

过去我一直在烦恼“为什么我就是学不会那些必须学会的知识”“为什么我就是无法让交流更流畅呢”。

我认为“总有一天会出现一个能发现我潜力的人”，于是自己什么都不做。

虽然我也觉得“不能一直依赖别人”，但就是无法采取行动。

我一直**“不知道该如何改变自己，所以总想找一个优秀的人来帮助我”。**于是，我见一个人就想“也许他就是我的伯乐”，常常轻信别人，跟随别人的脚步。

结果，我发现我相信的都是些不该相信的人，跟随的也是些不该跟随的人，于是大失所望，再次陷入自己无法付诸努力的循环当中。

这和那只被放进有电流的笼子里，患上习得性无力感的狗是一样的。所以，即使笼子没了，可以逃走了，由于“习得性无力感”的存在，却还是认为“凭借自己的力量是无法逃走的”。

这种“如果没人把自己从通有电流的笼子里解救出去的话，就无法获得自由”的心态，和**“等待王子来解救自己”**的心态无异。

有一个非常漂亮的女孩说“自己不敢出门”。

听了她的话，我想，“哦！这个女孩可能是因为习得性无力感吧”，结果她却说“父母并没有严格管教自己”。

她说：“一旦遇到能认可自己的人，就会非常开心，一切都听对方的，结果反而会遭到背叛，因此越来越不敢出门了。”

我想“可能还是因为习得性无力感”，于是问了一下她家人的情况。

她说她的妈妈既不化妆，也不在意穿搭，是一个不修边幅的人。每次和母亲一起走在街上时，邻居都会说“您的女儿真可爱啊”。每当这时，母亲就会立刻板起脸来，非常恐怖。

她说她至今也忘不了小时候在家模仿偶像时，受到的妈妈的冷眼。

仅仅看到母亲的视线，就像受到电击一样紧张

受此影响，在学校有人夸她“可爱”时，她也会感到恐惧，于是总是低着头，忧心忡忡的样子。像这样因为母亲和周围人的嫉妒，导致“自己无法积极行动”的情况就是“习得性无力感”。

大家可能觉得，“咦？仅仅因为母亲的视线不至于吧”，但嫉妒心发作起来是非常恐怖的。在这个女孩子的故事中，虽然她的母亲没有直接打她骂她，但母亲的嫉妒心带给她的打击却和电击一样强。

这是由于之前提到的镜像神经元，因此我们的大脑会自动模仿对方大脑的状态，“如果你身边有一个紧张的人，你也会感到紧张”。

因此，母亲嫉妒女儿总被别人夸可爱时也是同样的道理。因为镜像神经元的存在，女儿已经完全感知到母亲大脑里嫉妒的电流，所以会受到电击，产生习得性无力感。

久而久之，女孩便认为：“凭自己的力量无法跳出

牢笼！”

但周围的朋友会批评她：“你只是在做梦，你什么也不做，根本不会有白马王子来拯救你的！”

然而，朋友也是因为嫉妒她才那样说，所以和母亲一样，朋友也将电流传给了她，虽然朋友说话难听，但因为是朋友，所以无法断绝关系。

总是在心里的某个角落相信“一定会有一个能够接受完整的我的人救我脱离苦海”，这正是“习得性无力感”的特征。

要记住“从不嫉妒别人的人是不存在的”

不论是哈哈大笑时，还是洗脸时，嫉妒的刺激随时随地会到来。

在亲子关系中，这种刺激常常来自母亲。然而，孩子是无法离开母亲的。

回看这个女孩，因为她完全没有意识到“母亲因为嫉妒她，所以总是伤害她”，所以她也不会责备这个刺激的源头——母亲。

为了缓解这种刺激带给自己的痛苦，她只有一个逃离痛

由于“习得性无力感”，
只想等待“白马王子的驾到”

苦的方法，那就是幻想“终会有一个人能接受真实的自己，并帮助自己脱离苦海”。这和“等待一个喜欢真实的自己的白马王子”简直如出一辙。

自卑的人在心里的某个角落一直有一个想法，那就是**“如果有白马王子的话，一定能将自己从自卑感当中拯救出来”。**

我们知道，白马王子拯救的是公主。也就是说，有这种想法的人，在内心的某个角落，也认为自己具有较高的地位和优秀的能力。

其实，她们也知道如果表现出柔弱的样子，会激起周围人的嫉妒心，便不会有人帮助自己摆脱习得性无力感。

因此，她们便需要一个不会嫉妒她们的白马王子。

的确如此，人们的嫉妒心发作时，就像动物一样，所以一旦你因习得性无力感，扮演弱者，谁都会止不住地嫉妒你。

有一本著名的书中写道：**“这世上没有仁人义士，一个也没有。”**事实正是如此，因为世上没有不嫉妒别人的人，所以没有人会将你从习得性无力感带来的自卑感中拯救出来。

04

由于别人的嫉妒和攻击而丧失自信

◎ 明明在工作中很能说，可是一当着很多人的面，就说不出话来……

周围的人无法理解你认为“自己不行”的心情，这会让你的孤独感变得更加强烈，你会感觉全世界都没有一个懂你的人。

正因如此，你才会想“将来一定会出现一个人，会真正懂得我的优点，也能接纳真实的我”。

以前，每当我“说话风趣”时，母亲就会边揍我边说：“别得意忘形。”于是，对我来说，说话就变成了一件非常痛苦的事情。每次说话幽默，都会被母亲打击，长此以往，我便因为“习得性无力感”而变成一个“说话无趣的男人”。

于是，在聊天时，“说话无趣的我”便“支支吾吾”地无法与人顺畅交流。

然而，平时站在大家面前演讲，我说“我不擅长说话”时，谁都不相信我的话。

有时，朋友会拜托我在他的结婚典礼上讲话，即使我告诉他“我真的不擅长在大家面前说话”，他还是不相信我，说我“又来这一套”。这也是因为他们认为“自己高于平均水平”。

正如第二章所分析的那样，一般情况下，人们会因为“优越感的错觉”而认为“自己高于平均水平”。

于是，他们又说：“你工作做得这么好，不可能不擅长。”顺势推着我走到话筒前，结果我果真“支支吾吾”，半天吐不出一个字。

回到座位后，邻座的人对我说：“原来你真的不擅长啊！”于是我再次受到打击。**人们会因为不断被别人嫉妒而改变“自己高于平均水平”的想法，认为“自己的水平非常低”，结果言行举止都变得不正常。**这是一个非常有趣的现象。

◎ 体重明明在平均线以下，却觉得自己“太胖了”

一位漂亮的女性说：“我对自己的颜值没有自信！”结果周围没有一个人相信她，都说她：“又来了，真是装！”

这是因为周围的人认为，自己这种长相“已经超过平均水平”了，所以“她这么说，一定是觉得自己很漂亮”。于是，便说她“又来这一套”，无法相信她的话。

还有一个更加通俗易懂的例子。谈起体重，有的女生明明很瘦，却认为自己很胖，这时其他女生就会不满地抱怨道：“你已经那么瘦了，为什么还说自己胖？”

然而，这个体重低于平均水平的女生，之所以会认为“自己很胖”，是因为别人总是嫉妒她、刺激她，所以“无法正确地认识自己的形象”。这是一个典型的案例。她越瘦，周围人的嫉妒心就越强烈，不断刺激她，使她无法正确地认识自己的形象。于是，她总认为“我太胖了”，甚至连饭也“不想吃了”。

与此相反，还有一个吃得停不下来的案例。

有人会因为嫉妒的刺激，导致感知异常，感受不到饱腹感。

甚至对自己形象的认知产生扭曲，导致无法正确地认识自己的体型。

即使医生告诉她："你的体重有患成人病的风险哦！"她却满不在乎地回答一句"哦，是吗"，宛若他人之事，对此熟视无睹，也不采取控制饮食等措施。这也可能是由于嫉妒的刺激，使其患上了"习得性无力感"。

○ "可能由于别人出于嫉妒的攻击，影响了自己的判断"

有一位女士，过去一直深信"自己很丑"，当她发现"啊！我之所以这样认为，是因为妈妈嫉妒我，使我的判断发生了扭曲"，也便如梦方醒，意识到"原来自己这么美"。这是非常不可思议的。

遇到这种情况，只要意识到"可能只是别人出于嫉妒的攻击，导致自己的判断扭曲"就好。

我的情况也是这样，当我意识到"我之所以认为自己不善言谈，是因为别人的嫉妒使我患上'习得性无力感'"时，我便逐渐认识到"我原本应该挺喜欢讲话的"。

于是就明白"嫉妒的刺激，使我对自己的判断发生了扭曲"。

一旦意识到别人对自己的嫉妒，就能摆脱噩梦

过去我站在大家面前讲话时，根本无法忽视那些嫉妒我的人，我会受到影响，说话“支支吾吾”。

虽然当时也隐约明白原因所在，但我就是无法控制自己不去看他们。如今我彻底明白这正是“习得性无力感惹的祸”。

之所以这样说，是因为现在的我能坦率地承认“啊！嫉妒的刺激来了！快躲开”，而且也非常享受在大家面前讲话的过程。

现在我甚至会疑惑自己当时为什么会觉得自己比大家更不擅长当众讲话。

03

摆脱自卑的三个步骤

◎ 工作进展不顺利并不是因为自己能力不足

我刚进公司的时候，“一和别人比，就无法静心工作”，曾因自卑感而烦恼不已。

公司里的老前辈经常批评我说：“为什么连个电话都接不好！为什么没有立刻记住对方的名字！”

虽然当时我连声说着“对不起”，承认了自己的错误。但没过多久，又会犯同样的错误。于是老前辈生气地说道：“要我说几遍你才能懂啊！”

我当时真的因为做不好工作，而非常头疼。心想：“是不是自己的脑子有问题？”

那一年，我真的“无论做什么都做不好”，比如：打印文件的时候，会弄错顺序就订起来；打扫卫生的时候，会把空调弄坏。

但是，一年后，公司又有新人来到的时候，我的状态忽然发生了变化。

这次被骂的换成了新人。

于是，我不可思议地发现，“咦？我在工作中不再犯错了。”好像摆脱了灵魂附体一样，工作起来游刃有余。接电话的时候，也能专业而熟练地应答。

而且，我还变得非常积极，常常主动找活儿干。不知不觉，竟获得了老前辈的肯定。

我仔细思考了一下到底发生了什么，然后推测到，刚进公司的时候，由于总是惹怒老前辈，所以感到了习得性无力感，什么都做不好。

如前文所述，“弱者”会给人一种“不如自己”的感觉，非常容易激起对方的嫉妒心。

当时还是新人的我，真的什么都做不好，所以只要待在公司，就不可避免地会受到老前辈的攻击。

新员工进公司后，就取代了我，成为老前辈嫉妒的对象。

由于不再受到嫉妒的刺激，我便完全摆脱了习得性无力感所带来的自卑感，回归“真正的自己”。

当我意识到这些时，恍然大悟：“啊！也许宗教里的

‘祭品’就是人们为了摆脱别人的嫉妒而找的替代品。”

◎ 公司的新人成为自己的“替身”

世上有很多宗教，我想很多人在走运时，之所以会给神明供奉祭品，可能是为了避免周围的人嫉妒自己，攻击自己，导致自己产生自卑感，最终事事不顺。

反过来，人们倒霉时，也会供奉祭品，祈求神明保佑自己。

新人成为自己的“替身”，承受前辈出于嫉妒的攻击

有了“替身”后，就能行动自如

“也许倒霉时，人们会变成‘弱者’，这样就很容易受到周围人的嫉妒，加之自卑感缠身，会变得更加不幸。所以人们想以祭品为替身，从而躲避这一切。”这样，一切都解释得通了。

因此，我想到一件有意思的事情，那就是“感到自卑的时候，找个祭品代替自己就好了”。

人们一旦聚集起来，就喜欢在背后说别人的坏话。

虽然大家还没意识到，但这种做法也是为了“找个‘祭品’，好让自己不被别人嫉妒”。

然而，如果你找到一个人当自己的祭品，然后和大家在背后说那个人的坏话，这个祭品就会变成“弱者”。一旦祭品“不如自己”，周围人就会嫉妒心发作，产生邪恶的想法。一旦你产生邪恶的想法，就不再是“本来的自己”，所以你还是无法摆脱自卑感的束缚。

◎把“自己最好的东西”变成“祭品”

让我们再仔细看一下宗教里的祭品。

虽然宗教各有不同，但“人们总是将自己最好的东西供奉给神明”，这是最通常的做法。下面我们用找祭品的方法，尝试摆脱自卑感。一共有以下三个步骤：

第一步，想象一下感到自卑的自己。

如果你在学习方面感到自卑，那就闭眼想象一下，也许你的脑海里会浮现一个身影——“一个脸色苍白的人恍惚地伫立在一个地方”。

然后，看一下你的脚下，是否有人在拽你的腿呢？我会想象到“啊！有几个白色的手臂正在拽我”，即将陷入慌乱之中。

这时，需要进入下一个步骤。

第二步，想象一下自己“最好（最重要）的东西”。

此时，数不清的手伸向我的全身，拼命拖拽着我，我开始慌乱不安。这时，我想到“钞票”。想象的瞬间，钞票就替换了我。但是，钞票立刻就被刺啦刺啦地撕破了。见此情景，我喊道：“不行啊！不管用！”被拖拽的感觉再次回到我的身上。我想“这样的话，再找一个别的好东西”，于是试着改变了想象里的东西。

这次我想到“黄金”，我一想到堆满金条的样子，自卑感立刻一扫而空。于是我明白“以后就应该选黄金当嫉妒的祭品”。

第三步，回想几个会引发自卑感的关键词，检查一下自

克服自卑的三个步骤

①
想象一下感到自卑的自己
啊啊
检查一下脚下
②
然后想象一下自己『最好的东西』
金条
自卑感消失了
③
回想几个会引发自卑感的关键词
学习
②
想象
不断反复，自卑感就会消失，你就可以行动自如了

己是否会再次陷入自卑感。

如果不会再次陷入自卑感，那么“当你在学习中感到自卑时，把黄金当作祭品就好了”。虽说是祭品，也“只不过是在脑海里想象成堆的金条而已”。

但是，只要反复想象，不知不觉你的自卑感就会消失，你就能开始认真学习。

如果你想“好好学习”时，大脑中“还和别人纠缠不清”的话，那些人就会出现在你的大脑中，嫉妒心发作，说你：“真是不知天高地厚！”

当嫉妒的电流流入我的神经网络后，我会像受到电击一样，产生习得性无力感，深受“学习自卑感”的折磨。

这时，**想象一下“能代替自己承受嫉妒的东西”，想象中的黄金就会替自己承受刺激。**

这样，我们就不会再受到嫉妒的刺激，而且会发现“咦？自卑感消失了”，可以自由行动了。

06

只是想象成捆儿的钞票就能得到救赎的人

◎“无法和同性处好关系”的自卑感

有一位女士跟我说：“和同性相处时，总有自卑感。”一开始我不太理解她的话，问她“是什么意思”。

她回答我说，和男性就可以平等地相处，但面对女性时却“无法愉快地相处”。

而且，在实际交往过程中，她曾有被人利用的痛苦经历。

她们刚认识的时候，这位女士认为和另一位同性“应该能成为好朋友”。然而，渐渐地她有了一种被压榨的感觉，意识到“对方很奇怪，只是在巧妙地利用自己而已”。心情就非常低落。

于是，我决定和她一起尝试“找替身”。

我先让她想象一下“因为无法和同性保持适当的距离友

好相处”，从而感到自卑，非常烦恼的自己。

这时，她说：“看到凹凸不平的岩石上，大风呼呼地刮，我穿着短裙，孤零零地站着。”

然后，我让她检查了一下脚下。她惊讶地发现**“母亲像鬼一样地从地面上露出脸来，拖拽着自己的腿”**。

◎ 需要能够承受“嫉妒的电流”的东西

接着，我让她想象了一下能够成为自己“替身”的“最好的东西”。

只是想象一下对自己来说“最好的东西”，
人际关系就能保持顺畅！

这位女士虽然想到了“曾经养的小猫”“非常珍视的陶偶”等等，脚下却完全没有轻松的感觉。

于是，我让她想象了一下“最重要的东西”，她说她想到了“有大学校徽的马克杯”。

她一想到马克杯，就露出了笑脸，立刻感到“变轻松了”。

而且，即使想到“和同性的人际关系”，脑海里也不会出现不好的东西，于是她略显开心地说道：“自卑感可能已经消失了！”于是我建议她，每当快要感到自卑时，就在脑海里想象“马克杯”。

她尝试过后，告诉我：“我可以和女性自如地交流，不再瞻前顾后了！”她还说过去她总是犹豫“这样说话会不会招人讨厌”，说话尽可能用敬语，但是现在却可以自然而然地用轻松的口吻和别人说话了。

她说一边想象马克杯一边说话时，“自己就像变了个人一样”，非常感动。而且还能随时和同性朋友敞开心扉，愉快交谈，还会产生“还想和对方多多聊天”的想法。

这时，她忽然想起来：“啊！小时候，我和女孩子的关系特别好来着。”

但是，那时每次和朋友玩耍归来，母亲都会像鬼一样死死地瞪着她，发火道：“看看你在外面疯到几点了！”现在她意识到**“那是母亲交不到朋友，嫉妒她的表现”。**

当时母亲的嫉妒心使她的自卑感愈发强烈，使她一直认为“自己无法和其他女孩一样”。但现在的她已经不知不觉地摆脱了自卑感，眼前豁然开朗，终于重回自由。

她说一想到马克杯，她的思想就会转变，她会想到自己熟识的女性朋友都非常亲切友好，总是热心助人，而且引导自己获得了自由。

在这个故事里，马克杯成为这位女士的替代品，替她承受了嫉妒的刺激，帮助她摆脱自卑感，回归真实的自己。

困扰自己多年的学历情结消失了

有一个人跟我说：“我因为对自己的学历感到自卑，什么也做不好。”

他总是后悔地想：“要是当年好好学习的话，就能和大家一样开心地工作，也能融入大家的圈子里去。”

他说公司每次聚会都不叫他，唯独自己会因工作失误被批评。同样的错误，如果是别人犯的，就不会被批评，所以他想“果然还是因为自己学历太低了”。每天闷闷不乐，无法投入工作。

“对学历的自卑情结能通过找替身得到改变吗？”我自己对此也半信半疑。

虽然有点怀疑这和嫉妒是否有关系，但我还是让他“想象了一下因为学历低而自卑的自己”。

他试了一下，非常难受地告诉我：“我看到自己的腿深陷泥沼，正在陷进去。”

这时我惊奇地发现：**“原来学历的自卑感也和嫉妒有关啊！”**

听到他说自己的腿正被泥沼拖拽，我让他“想象一下对自己而言最重要的东西”。结果他却说：“我没有什么重要的东西！”

听到这里，我意识到，“噢！别人的嫉妒已经让他患上习得性无力感。”于是，我换了一个问法，“家里最舍不得扔的东西是什么？”我问道。

他回答说：“啊？好像没有什么很重要的东西啊！对了！我不想扔钱！”我接着说：“那就想象一下钞票吧！”

在他想象的过程中，我看到他毫无自信而又不满的表情突然一变，笑成了一朵花。“噢！原来他的祭品是这个啊。”我有点高兴。

他也说：“确实，我一想到钱，腿被拖拽的感觉立刻就消失了！”此时，他即便想到“学历自卑感”这个词，也感到“好像没有刚才那么郁闷了”。

于是，我让他“每次快要因为学历产生自卑感的时候，就想象一下钞票”。他果然照我说的做，在公司心情郁闷时，就“想象钞票”。

结果，自从他开始想象钞票，意想不到的事情发生了。他发现，“咦？上司开始认可我的工作能力了。”

是的，上司认可了他的能力，让他担任了新项目的领导。同事还对他说：“你偶尔也来参加一下聚餐吧！”如今的他和大家相处起来非常愉快。

每当大家谈起有关大学的话题，让他感到不适时，他就会“想象一下大把的钞票”。这时话题又意外地回到工作上来，于是他意识到自己应该也能和大家愉快地聊天。

◎ 摆脱“自己什么都不会，肯定会被轻视”的妄自菲薄

他甚至发现“原来之前是自己的自卑，闹别扭的心理，吓到大家了”。

快要感到自卑时
工作
学历
颜值
恋爱
想象最好的东西
就能放下自卑，愉快交流

工作时，也是因为自己的自卑，总是表现出令人厌烦的样子，所以上司才不把工作交给自己的。看到前后简单的因果关系，他终于明白了自己的症结所在。

由此，他还想起上初中时，老师曾多次批评他："你要是这样态度狂妄的话，再怎么学也没用！"当时他理解为"自己学了也没用"，于是就不好好学习了。

自从他摆脱了自卑感，朋友和工作就来到了他身边。

回归本来的自己之后，回想起来，也意识到"老师当时是在嫉妒自己的能力"。

老师的嫉妒使他的判断发生了扭曲，他开始感到自卑，因为这种自卑感，他变成弱者，结果又被周围的人嫉妒和攻击。

周围人的嫉妒又让他感到"因为自己学历低，所以被轻视，被讨厌了"。于是他的判断再次发生扭曲。

自从让钞票代替自己接受别人嫉妒的刺激，他就能摆脱嫉妒的困扰，从扭曲的自卑感中解放出来，焕然一新。

当他想到**"地球是围着自己转的"**，会有点担心别人的嫉妒心伤害到自己，但一"想象钞票"，就能认清真相，做好自己。这是非常有趣的一个案例。

CHAPTER 06

欢迎来到没有恶性竞争、真正自由的世界

01

做自己喜欢的事情

违反校规校纪的前辈却得到了大家的帮助

我在美国上学的时候，住在宿舍里。当时，有一个宿舍长名叫马克。

他长得高大帅气，身边总有很多漂亮姑娘，那时我非常羡慕他。

一天半夜，马克浑身是泥地回到了宿舍。

他说："我的车陷到泥里了，大家快来帮我一下！"于是大家异口同声地说："好的！明白！"就跟马克一起去拉车了。

我们拉车回来之后，帮忙的同学没有露出一丝疑虑，马克感谢大家"帮了大忙"。

但是我却满腹疑虑，心想："马克大半夜的去林子里干什么了？"

我当时所在的大学禁止男女交往，一旦谈恋爱被发现，就面临着被退学的处分。

我想马克一定是带着某个女生去车里，“做什么见不得人的事了”。然后想到“如果举报给学校的话，马克就完蛋了”。

不过，马克一定是因为信任我们，才让我们“去帮忙”的。舍友们也什么都没问，就各自回屋，继续学习去了。

我们宿舍里还有一个态度傲慢的学生，名叫欧文。

欧文总是一副看不起所有人的样子，住在整栋楼最好的房间里。大家平时都对他不理不睬。然而，有一天有人发现他和一个女生去外面过夜，于是就将他的事情举报给学校，第二天他就被退学了。

反正我也不擅长和欧文相处，所以对他的处分也置之度外。不过却很疑惑**“马克明明和欧文做了同样的事情，为什么大家却什么都没说”。**

马克同样做了会被退学的事情，却仍然受到大家的尊敬。大家都说：“马克真厉害啊！我也好想和他一样受女孩子欢迎啊！”

其实马克并没有刻意照顾大家的情绪，说好听话，取悦别人。对于我这个英语都说不好的新生，马克身为宿舍长，也没有对我特别照顾。比如，他从来没有问过我“是否适应这里的宿舍生活”等等。

不会遭人嫉妒，只会受人尊敬

有一天，马克突然来到我的房间，拜托我说：“咱们要在宿舍里吃烧烤，你负责做饭吧！”

我心想：“咦？不是还有很多会做饭的人吗？”于是有点犹豫不决。但马克只是神秘地笑了笑，就扭脸走了。

我无可奈何只好担起重任，等我做好饭，端给大家之后，却听到大家的连声夸赞，大家都说：“第一次吃到这么好吃的牛排！”因为这件小事，大家认可了我，他们都夸“日本人很厉害”。虽然我只是一个形单影只的外国新生，却获得了大家的尊敬。当时，我有点明白为什么大家都喜欢马克了。

马克实在是太受人尊敬了，所以我常常想怎样才能像马克一样，只是随心所欲地活着，就能受到追捧。于是我便开始观察马克。

我不断思考我和他到底有什么不同。我觉得如果我随心所欲起来，一定会落得和欧文一样的下场。

一天，我忽然发现了一件有趣的事情。

我发现我和欧文一样，**会担心“如果做自己喜欢的事，会被大家责备”，于是会在无意之中变得态度傲慢。**

但是马克却不同，他只是做自己喜欢的事情，并不在意别人的看法。

越按照自己的想法去做，便越能不在意别人的目光。

一旦不在意他人的目光，就会发现没人会嫉妒我了，这是一个非常神奇的现象。大家不仅不会嫉妒我，还会尊敬我。

◎ 越是“不在意他人的目光”的人，越容易获得成功

我和欧文一样，虽说要“做自己喜欢的事”，但会在心里嘀咕“这样做是否合适”，我们都会在意别人的目光。

我们会不由自主地考虑“别人看到了会怎么想”。因此，毫无疑问，我们会遭人嫉妒，遭受非议，被人陷害。

但马克越是做自己想做的事，便越能不在意别人的目光。在这个良性循环的作用下，他会慢慢脱离别人的嫉妒，“不断增强领袖气质”。

越是听从内心，做自己想做的事
那边
投入
越能不在意别人的目光
噢噢
这个方案怎么样
增强领袖气质

我的舍友是虔诚的基督教徒，虽然他总是念叨“不纯洁的异性交往是错的”，但他知道马克违反规定后，却什么都没说。甚至说：“如果我是女生的话，一定会追着马克跑的。”听到他的话，我着实有些吃惊。

于是我也明白，如果不在意别人的目光，做自己真正喜欢的事情，就不会遭人嫉妒。

当一个总被别人嫉妒的人开始做自己喜欢的事情，就不会再激起周围人的妒火，他的魅力值会不断攀升，他的领袖气质也会不断增强。

从那之后，我又遇到了很多人，终于明白**“具有领袖气质的人都不会在意他人的目光”。**

具有领袖气质的人不会说别人的坏话，他们并不是因为在意别人的目光才不说的，而是因为他们“没有兴趣”。

这也是因为“他们只做自己喜欢的事情”。

具有领袖气质的人有一个共同特点——他们只做自己喜欢的事情，所以认为“别人怎么想都无所谓”。因此，他们“不会遭人嫉妒”。这是一个非常神奇的现象。

于是，也不会有人扯他们的后腿，他们的领袖气质会越来越强。

02

过于优先考虑他人的感受，
导致不知道自己到底想做什么

◎ 虽然我知道“不想吃的东西”

如果有人问我：“你能做到只做自己喜欢的事情，不在意他人的目光吗？”我的回答一定是“No”。这是因为过去的我不断遭人嫉妒，受到刺激，已经产生了习得性无力感。

因此，即使有人告诉我“去做喜欢的事吧”，我也跳不出框架，“找不到喜欢的事情”。

虽然嘴上说着做“自己喜欢的事情”，实际做的时候，却常常开始考虑别人的心情，比如会“为了某个人”或“受到某个人的影响”做一些事情。因此我做的“根本不是自己真正想做的事，而是受到别人的影响后想做的事”。

虽然我“喜欢吃”，但吃的往往也不是自己喜欢的东西。我会在不知不觉中，总是考虑周围人的感受，总想着

“必须带对方去一家好吃的店”。

所以我的目的并不是“吃自己喜欢的东西”，而是“让对方吃到好吃的东西”。之所以产生这种想法，是由于我搞不清楚“自己喜欢的东西”，这也是习得性无力感惹的祸。

如果优先考虑自己，可能会受到“嫉妒的刺激”，为了避免这种刺激，我就会“优先考虑别人的心情”。

结果导致我虽然知道“不想吃什么”，却不知道“想吃什么”。

按照常理，你会认为“优先考虑别人，就不会遭人嫉妒了对吧”。然而，事实并非如此。

你会神奇地发现，你优先考虑朋友的喜好，来到朋友喜欢的店里时，却遭到了不愉快的对待，你会有一种“店员好像在嫉妒自己的感觉”。

这时，你会想“这可能只是自己的被害妄想症”。但是，一起去的朋友却同样感到不满，当你听到他说“那个店员态度真差”时，你就会明白原来不是自己的妄想。你可能会因为邻座抽烟的客人感到厌烦，但他们之所以时不时向你们吐烟圈也是由于他们嫉妒你。

◎一旦开始围着别人团团转，大脑的电流就会增强

实际上，“当我优先考虑别人时，就放弃了自己真正喜欢的事情”，所以大脑里的压力会堆积，电流会增强。当店员感受到我的电流后，就会“产生嫉妒心理，对我们不友好”。

大脑的神经网络就像无线Wi-Fi一样连接在一起，所以大脑会将电流传递给邻座的客人，他们感知到之后，就会“嫉妒心发作”，采取吐烟圈这种不礼貌的举动。

具体来说是这样的。由于我“不想被别人嫉妒”，所以过于优先考虑了别人的心情。结果，反而不知道自己喜欢做什么。同时，因为我优先考虑了别人，所以“我想获得对方的称赞和感谢”。

然而，在我优先考虑别人的时候，大脑很清楚“我放弃了自己想做的事”，于是大脑里的压力就会堆积，电流就会增强。

我的压力会影响到周围人，激起他们的“嫉妒心”。因此，我不会得到赞扬，只能和对方一样感到郁闷。这样一来，我的习得性无力感会变得越来越严重。

我试着回想了一下过去我是否做过自己喜欢的事。结果发现我在搞研究的时候，会完全不在意周围的人，好像还得

到了赞扬。

平时我去图书馆的时候，会在意很多东西，比如，“哇！一个很吵的人坐在我旁边了！”“那个人翻书的声音太大了！”等等，根本无法集中精力。

但是，当我为了研究去图书馆查资料的时候，一个讨厌的人都不会靠近我。

平常每次从图书馆回来后，我总会想“A太吵了！”“B侵占了我的地盘！”斤斤计较。但是我为了研究去图书馆的时候，甚至连谁坐在自己旁边都记不住，好像图书馆只有自己一个人一样。

于是我明白了原来我喜欢的事是研究啊。

◎ 虽然只是在做自己喜欢的事情，不知为何却受到了夸奖

当我为了得到赞美而照顾别人心情的时候，“没一个人赞美我的体贴”，但是当我做起自己喜欢的事情后，周围那些讨厌的人却立刻消失了。

甚至有人夸我“做的事情好厉害”，我从来没有这种体验，所以很是吃惊。

比起因责任感而采取的行动，做“喜欢的事”更容易得到赞美

之所以努力却得不到夸奖，是因为“我没有做想做的事情”，大脑内压力堆积，电流增强。传给周围的人后，会激起他们的嫉妒心。他们觉得我不自量力，于是产生了邪恶的想法。

但是，当我在做自己喜欢的事情时，大脑内的电流不会增强，反而会释放，所以“优秀的人会靠近自己”。靠近我的不再是嫉妒我的人，而是那些真正认可我、赞扬我的人。因此，我也越发能沉浸在自己喜欢的事情当中。

仔细看来，那些声称“无人认可，无人夸奖”的人，多是“不知道自己喜欢做什么的人”。

因为不知道自己喜欢什么，所以总是优先考虑他人的心情。结果大脑内压力堆积，电流增强。还会激起周围人的嫉妒心理，最终“不仅不会被夸奖，反而会遭人嫉妒”。

会受到大家夸奖的人多是不在意他人目光的人。他们会无意识地做自己“喜欢的事情”。因此他们大脑中的电流不会增强。

神奇的是，在这种情况下，“讨厌的人不再会靠近你”，而赞扬你的人会受到你的吸引。

现在细细回想起来，便明白我因为大脑内压力太大，电流太强，所以才“总是被别人批评”。

过去我总是羡慕那些被夸赞的人，但当我意识到“只要做自己喜欢的事就好了”，并付诸实践后，我也能体会到他们的美好感受。这是非常有趣的。

03

嫉妒会泯灭人的才华

◎ 因为怕被伤害，所以总是处于“心不在焉”的状态

摆脱嫉妒的阴影后，你便能展现出你的领袖气质。显然，嫉妒会将人的领袖气质封印起来。

我曾经和某家公司的员工说话时，感受到那个人具有非常好的领袖气质。

然而，优秀的他却遭人嫉妒，饱受折磨，难得的领导力被泯灭了。

不断遭人嫉妒，受到刺激，患上习得性无力感的人，他们的眼睛有一个特点，那就是，他们好像在看远方，但仔细看一下，他们却完全在看另一个地方。他们虽然表面上和大家相谈甚欢，然而如果你望向他们的眼睛深处，你会发现他们的心并不在这里。

他们之所以总是看向远方，是因为周围的人常常嫉妒他

们，给他们刺激。

遭到无数次折磨之后，每当他们感受“当下”时，就会“很痛苦”“很受伤”。因此，他们便将自己的意识放到远方，让自己“心不在焉”，等待痛苦消失。

你可能以为如果“心不在焉”，大脑中的电流就不会兴风作浪。但事实完全相反。

电流不仅不会稳定下来，而且会在大脑中不停地发电。这会使你陷入“什么都感受不到”的错觉。

痛苦的电流总是在大脑里窜来窜去，兴风作浪。这导致你会误以为“自己已经习惯了这种痛苦”。

别人也会以为你“即使遭受苛刻的对待，却毫无感觉”。他们之所以没有感受到你的痛苦，也是因为你大脑中痛苦的电流在不停地活动。

内行的人能发现“他心不在焉”的状态。

但是对于普通人来说，因为他给人的感觉“好像没什么干劲”，所以一般大家会误以为他是“懒蛋”“弱者”，于是就会对他产生嫉妒心理。

而且他茫然的目光还会给人一种他正在发怒的错觉。

殊不知，这个人无神的眼睛深处却闪现着“领袖气质”的光芒。其实，正是这种领袖气质，才使他遭人嫉妒，给人一种不知天高地厚的感觉。

但是他本人却觉得："咦？我并没有什么领袖气质。"实际上，**他知道"如果让别人感到自己的领袖气质，就会遭到嫉妒"，所以他就把自己的领袖气质从记忆中抹去，自欺欺人。**

然而，当人们不在意他人的目光，做自己喜欢的事情时，反而"不会受到周围人嫉妒的影响"。这是一个有趣的现象。

◎ 让自己本身拥有的才华大放异彩

也许你曾经因为别人的嫉妒和攻击，丧失了感知能力。但是如果你开始做自己喜欢的事，压力就不会在大脑积压，大脑中的电流也不会增强。

不再受到别人嫉妒心的影响后，你就能专注地做自己喜欢的事情。不久之后，别人就会发现你卓越的领袖气质。

其实，你自己多少也能感觉到自己具有出色的领袖气质。

但是，由于你把它隐藏起来了，显得很弱，所以就会遭到别人的嫉妒和攻击。这样一来，你会更加确信"自己压根儿没有领袖气质”。然而，**一旦你不再受到别人嫉妒心的影响，你曾经极力否认的领袖气质就会绽放出夺目的光彩。**

我认为这样的人非常厉害，我由衷地敬佩并羡慕他们的领袖气质。

非常有趣的是，一旦你摆脱习得性无力感，开始发挥领袖气质，“周围的人将对你望尘莫及，根本无法嫉妒你”。这就像小孩用从小卖部买来的游戏枪攻击大人一样。

即使对方嫉妒的子弹“噼里啪啦”地飞向你，你也只会觉得对方的行为像小孩子过家家一样幼稚。还会担心对方的安危，甚至怜悯他们。

其实你并非真心怜悯对方，你甚至可能没把他们放在眼里，而且不理解“他们也老大不小了，拿着游戏枪有什么好玩的”。

每次看到发挥领袖气质的人，我都会不由自主地叫道：“好酷！”也不禁感慨“他们过去把这种领袖气质隐藏得太深了”。

看到他们被解除封印的领袖气质，我也能理解他们以前的心情了。具备这种卓越气质的人，确实容易遭人嫉妒。

每次看到这样的人，我都会“非常羡慕”。

那些具有领袖气质的人，在过去的公司里，因为同事和前辈的嫉妒和攻击，完美地隐藏起自己的领袖气质。跳槽之后，他们还是不敢发挥这种领袖气质，因此在新的公司，他们还是会被上司嫉妒和攻击。慢慢地，他们便愈发无法发挥这种杰出的能力。

领袖气质越强，就越容易招致周围人的嫉妒。因此，想要灵活自如地发挥这种能力，是非常不容易的。

但是，一旦你发挥一次，可能就“不容易再受到别人嫉妒的影响了”，这也是一个非常愉快的过程。

只要你知道“谁都有可能嫉妒别人”，就不会再扮演弱者，也不会再成为别人嫉妒的对象。于是，你也能发挥自己的领袖气质，在天空中自由地翱翔。

被解除封印的领袖气质一旦获得解放

就能轻松还击对方的嫉妒和攻击

04

做“本来的自己”就好

如何才能让自己感觉“我很棒”

一旦摆脱嫉妒心和自卑感，就能自然而然地提高自我评价，还能开始发挥自己的领袖气质。其实，并非是提高自我评价，而是会找回自己本来的样子。

大街小巷都充斥着教你如何“提高自我评价”“增强自我肯定感”的书。这些确实都是非常重要的内容。

因为，当周围的人觉得你很弱，却比他们拥有更好的条件时，就会嫉妒心发作。

所以，如果你总认为“自己不行”“对自己没有信心”，就会“变成弱者”，这样自然就会激起周围人的嫉妒心。

一旦你遭受嫉妒的攻击，又会觉得“大家这么对待我、批评我，证明我还是很差劲”。于是，又变成了“弱者”，这样周围人对你的嫉妒便永无休止了。

因此，如果自我评价和自我肯定感很低的话，就很容易陷入这样的恶性循环。

你越是害怕嫉妒，保持谦虚的态度，就越容易遭人嫉妒和攻击，你对自己的评价也会变得更低。

但是，如果你反复告诉自己“我很棒”“我是能够得到大家认可的人”，你的“自我评价就会不断提高”，你也不会再扮演“弱者”。慢慢地你会发现“周围的人好像不再嫉妒自己了”。

然而，保持这种状态并非易事。

努力提高自我评价是很难持续下去的
无论重复多少遍，还是会出现“麻木”的心理

你之所以无法一直相信自己“很棒”“很优秀”，是因为你已经产生了“麻木”心理。

之所以“说着说着就烦了”“无论告诉自己多少遍，还是没有用”，也是因为产生了“麻木”心理。

起初，你通过努力，“提高自我评价”，会发现“别人不再嫉妒自己了”，很是受益。但是当你习惯这种状态后，就会慢慢发现“没有任何变化”“无论怎么做都没用”。

提高自我评价，有利于消除别人的嫉妒心。但是如果只会机械地努力，就会因为厌倦而无法坚持下去。

一旦厌烦，不知不觉你就会开始扮演“弱者”，回到原来的状态，“受不了嫉妒的刺激”。

◎ 如何轻松找回“本来的自己”

我为大家提供一个有趣的方法，那就是“找回本来的自己”。

其实这个方法非常深奥。

读到这里，如果你发现“我正在饱受嫉妒的折磨”，也许“是因为你害怕别人的嫉妒而隐藏起自己的领袖气质”。

当你读到“具有领袖气质”这几个字，却认为“这不是

我”“我没有这种特质”，你就掉入陷阱了。毫无疑问，这是因为你害怕遭到别人的嫉妒和刺激，所以才一直深信自己“没有领袖气质”的。

如果是没有遭受过嫉妒和刺激的人，看到这里，可能会回想自己过去“有没有发挥过领袖气质”。只要稍微想一下，答案便会呼之欲出。

但是，如果是从小就不断受到嫉妒和刺激的人，肯定会立即断言道“没有”。因为他们长期以来，早已因为别人的嫉妒，将自己的领袖气质封印起来了。他们常常变成“弱者”，遭受别人的嫉妒和攻击。

然而，当他们解除封印，发挥出自己的领袖气质，就会立刻变成“强者”，也不会再遭受别人的嫉妒了。

我们常常因别人的嫉妒和攻击，隐藏起自己“本来的样子”。找回“本来的自己”是非常容易的。

方法就是**想象一下“自己本来的样子”。**

请大家闭上眼睛，一起来想象一下“自己本来的样子”吧！

这时，如果有人看到“在无尽的黑暗中，什么都没出现”，这说明你因为别人的嫉妒和攻击，将“本来的自己”埋藏得很深。所以需要继续发掘。

如果有人说“看到了瑟瑟发抖的自己”，那么就要把他看作“代替自己遭受嫉妒的替身”，继续深入发掘。

◎ 身边人的嫉妒心也能变成自己的能量

如果又有人说：“啊！我看到自己穿着白衣，发着光，在宇宙展翅飞翔。”恭喜你，这就是你本来的模样。

当你感到不快和难过的时候，试着想象一下“本来的自己”吧。你会看到自己无数的替身，比如“失落的自己”“发怒的自己”等等。但是，如果你将这些都舍弃，继续深入发掘的话，就会看到一个“光芒万丈，笑容满面的自己”。

然后，想象一下面对这种状况，那个“光芒万丈的自己”会如何处理，这时你会发现“他根本不会放在心上”。这是非常有趣的现象。

只要想象一下本来的自己会如何面对眼前的情况，就能发现“具有领袖气质的人会如何对待各种情况”。

你一定会想：“咦？我并不是这么坚定的人啊。我明明应该更害怕、更生气，根本睡不着觉才对！”

其实，那些都是“虚假的你”，是代替你遭受别人嫉妒

只要想象一下“本来的自己”，自我肯定感就能提升

的替身。那后面还隐藏着“本来的你”，那个你具有将别人的嫉妒转化为自己的光辉力量。

你可能还会怕这怕那地怀疑自己是否真的这么厉害，其实，当你意识到不应该想这些乱七八糟的事情时，就成功了。

要相信那就是你“本来的模样”，只要不断想象这样的自己，你就会神奇地发现“没有人再嫉妒自己了”。

你越是拼命提高自我评价，越会产生“麻木”的心理，最后反而不知道到底会有什么变化。

但是，当你找回“本来的自己”时，因为还是你自己，所以仍然会“不知道自己哪里发生了变化”。

但是却有一个明显的不同，那就是**“周围人的态度会发生很大的变化”。**

找回本来的自己后，周围人的态度会不断改变，那些绊脚石会一个一个地离你而去。

于是，不知不觉之中，你便可以自由自在、无拘无束地过好自己的人生。

03

摆脱嫉妒和自卑，变成自己喜欢的样子

◎“在意对方的感受，是因为自己正在被对方嫉妒”

如果你不再害怕遭人嫉妒，就不会总是考虑别人的感受。

只要你不再总是为别人考虑，你就会像丑小鸭变成白天鹅一样，自然而然地将自身具备的魅力绽放出夺目的光彩。

过去我总是羡慕别人，心想“要是能和他一样不那么在意别人，专注眼前的事情就好了”。

过去我总是在意他人的目光，遭受别人的批评，所以总想努力“变得人见人爱，花见花开”。但却总是事与愿违，久而久之，我便灰心丧气地认为“自己根本无法成为一个有魅力的人”。

但是，**自从我了解到嫉妒的原理之后，终于明白“原来在意他人，是因为他们正在嫉妒我”，于是也不再责备自**

己了。

一开始我一直认为："我根本没有什么值得你们嫉妒的！快适可而止吧。"但是，后来我才发现，我之所以认为"自己没有值得嫉妒的地方"，是因为我总是受到嫉妒的刺激，"厌烦了遭人嫉妒的感觉"，产生了习得性无力感。

为了不招致嫉妒，故意"放低自己"，这反而会激起对方的嫉妒心。自从我明白这个道理之后，就懂得"只要活出真实的自己就好"，由此便打开了新世界的大门。

一开始我还不太适应，但我依然按照自己真实的想法生活，慢慢发现我不再总是在意别人的感受了。

以前，无论做什么，我隔两分钟就会看一下别人的感受，总是担心自己会给别人留下不好的印象、会给别人不快的感受，因为各种担惊受怕，所以根本无法专心做自己的事情。

自从我改掉这个习惯，就能像自己曾经羡慕的人那样，专心致志地从事眼前的工作了。

这对我来说是一个"奇迹"。因为曾经我不管怎么努力都没有任何效果。

可能有人听了我的话，会觉得是"因为我阅历丰富了"或"年龄增长了"。但事实并非如此，我是意识到嫉妒的原理之后才突然改变的，所以和“阅历”“年龄”毫不相关。这一点我可以保证。因为之前我真的无论怎么努力都是白费工夫，无论做什么都是三天打鱼两天晒网。

◎ 变得越来越美

在心理咨询过程中，我暗暗发现那些懂得“嫉妒原理”的人，都变得越来越美了。

曾经有一个女士说“自己一点魅力都没有”，因为总是打扮得很朴素，所以“异性不怎么和她说话”。

但是当她意识到这一切都是因为自己受到了嫉妒的影响，就突然“变得非常漂亮”，甚至漂亮到让人不敢直视她的光彩。

看到她这种令人神魂颠倒的魅力，我便发现“她一直因为别人的嫉妒，把自己的魅力给封印起来了”，于是感到嫉妒的影响力真的有点可怕。

那些曾说自己“非常在意他人的目光”的人也是，自从明白嫉妒的原理之后，就开始回归“本来的自己”，慢慢地就“不再总是在意他人的目光了”。从这里也可以看出，“这个人过去也被嫉妒得很惨”。

他不再在意别人的眼光后，散发出来的个人魅力远远超出我的想象，看到他现在的样子，我才明白“原来他是非常优秀的”，于是不由得对他肃然起敬。

听说他过去和别人说话时，说着说着就“不知道自己到底在说什么”了，也“无法清晰地表达自己的想法”。

但是，自从他摆脱了嫉妒的阴影，他说出的话竟让我感动得泪流满面。他充满自信的声音让人非常安心，而且他的话深深地打动了我沉睡多年的情绪，因此不由自主地热泪盈眶。我不禁感动地想：“这就是领袖气质啊！”

看到曾经被轻视、被厌恶的人竟有如此美好的一面，我深深地感到嫉妒对一个人发展的巨大阻碍。于是也非常气愤周围人对他的嫉妒。既是为他，也是为自己打抱不平，心想要是没有这些嫉妒，我和他过去也不必受这么多苦。

不知不觉中，变得和自己的偶像一样优秀

因为嫉妒是一种动物性的本能，所以无论你怎么做都无济于事。多少本该光芒万丈的人因为别人的嫉妒，而失去了本该有的绚丽光彩。

想想因为别人的嫉妒而失去光彩的时间，还有错失的各种机会，我不禁疑惑“人为什么要做这么愚蠢的事情”。

但是，由于嫉妒心发作时就像动物一样，所以没人能控制自己。

当我看到那些摆脱了眼前的嫉妒，找到自己本来的魅力，并且大放光彩的人时，我想“如果更多人知道嫉妒的原理，应该就会有更多人能绽放自己的光彩了”。于是，突然对未来充满希望。我可能也是受到他们领袖气质的影响。

我甚至产生了一些奇怪的想法，我想如果让更多人知道嫉妒的原理，绽放出自己的光彩，“我们的国家也许就会成为一个卧虎藏龙之国”。

看到这些摆脱嫉妒、绽放光彩的人，我也有了更大的梦想，更加充满希望。

“是那些摆脱嫉妒的人让我产生了希望”，我再一次感慨万千。

是的，那些摆脱嫉妒、找到自己本来模样的人，只要待在那里，就能消除我对嫉妒的愤怒，让我充满希望。

和这些摆脱嫉妒的人交流之后，我再次感到如果所有人都能摆脱嫉妒，像他们一样绽放光彩的话，将来我们国家真的有可能变成一个卧虎藏龙之国。

我也想像他们一样，摆脱嫉妒，绽放光彩，所以便一口气写下了这本书。

后记

让人轻松愉悦的故事

小时候，我常常想：“为什么我就不能变得和其他小朋友一样呢？”

在小孩子当中，我总感觉自己与别人格格不入。我真心希望“变得和大家一样”。可是，大家对我投来的却总是冷冰冰的视线。对别的小孩来说轻而易举的跳马，对我来说却像一座难以跨越的高山。

当我跨不过去时，大家就会“哇——”的一声叫起来，仿佛在嘲笑我的笨拙。看到大家的反应，我难过得眼泪在眼眶里直打转，心想：“如果哭出来的话，能和大家一样跨过去吗？”

然而，我的泪流满面换来的却是无数冷眼，没有感到一丝温暖和关怀。

越是得不到想要的温暖和关怀，我便越发泪如雨下。于是只能低着头，不敢直视大家的眼睛。

因为我的眼里有泪，而且大致猜到了大家看我的眼神。因此我不敢看大家，也不必去确认他们的眼神。于是我刻意避开他们的视线，哭得更加肆无忌惮。

如今，回忆起当年的场景，我已经明白我是因为害怕看到大家的眼神，低着头起跳的，所以无法跨越挡在眼前的跳箱。

和跳马一样，我因为害怕看到大家的眼神，总是低着头不看黑板，所以导致自己“无法和大家一样好好学习”。

其实，当时的我只是想象了一下大家看我的眼神，就不自觉地低下了头。

于是，不知不觉，我和那些“有上进心的孩子”走向了不同的道路。

我感到身体很沉重，似乎我所受到的地心引力是其他孩子的好几倍。拖着这样疲惫不堪的身体，我走上了和别人不一样的道路。

这种沉重感总是让我感觉比别人累好几倍。无论做什么事，都会唉声叹气，这都是因为我感受到的重量和其他孩子不同。

当我快被这重量压垮，一事无成的时候，一个充满信心的人出现在我眼前。

我感觉我们似乎哪里很像，猜想他应该是“母亲”或是“父亲”。

但是，这个人所具有的自信、活力与友善，却和他们截然不同。

我从未在任何人身上感受过这种温暖和体贴，所以当他出现在我眼前时，我不由自主地喊道：“救救我！”这时，充满自信的他亲切地问我：“你想让我怎么帮你呢？”

我心想：“要是他明白我所有的痛苦，什么也不问就帮我摆脱这一切就好了！”

然而，我并没想好要他帮我做什么。可能只是希望他能帮我消除这种沉重而压抑的感觉而已。正当我怀疑他是否感受到我的心声时，耳边响起一个温柔的声音：“试着看看别人的眼睛吧！”

可是我害怕大家的视线，所以才不敢直视他们。我想“充满自信的他可能无法理解我的心情”。

他再次对我说：“试着看看别人的眼睛吧！”说着就带我回到当年跳马的时候。我无法直视这样的场景，下意识地低下了头，眼泪夺眶而出。但是，当充满自信的他把手轻轻放在我的后背上时，我看到的却是老师对我投来的充满惊讶的眼神。

这时，充满自信的他问我：“你从他的眼神里看到了什么？”

我看到老师的眼里充满了愤怒，他的怒火似乎要将我的眼睛灼伤，这使我感到恐惧。这时，充满自信的他又将温暖的手放在我的后背，对我说：“再看看他的眼眸深处！”

当我仔细看向老师的眼眸深处时，竟然发现“老师的眼里隐藏着孤独”。于是，刚才的“恐惧”瞬间消失得无影无踪。看到“同样孤独”的老师，我顿时感觉遇到了知己。我有生以来第一次找到了归属感，感到自己“和大家是一样的”。

我不禁问道：“这是怎么回事？”这时，充满自信的他指着班里的小霸王，对我说：“试着看看身边这些孩子的眼睛。”

以前我从不敢和小霸王对视，生怕一抬头就会遭受欺负。于是，我只好战战兢兢地抬起头来看他。当视线相撞时，在他怒火燃烧的眼睛深处，我再次看到了“孤独”。这时，我不再感到“形单影只”，只感觉我们之间产生了深深的羁绊。

我这才恍然大悟，原来当年的我跳马失败后，一直背对着大家，因此就用后背承受了大家眼里的“孤独”，于是整天顾影自怜，以泪洗面。

“是这样吗？”我问充满自信的他。“是的，今后你不必再背负大家的孤独了。”他用自信的声音告诉我。

确实，当年的我因为“无法做到和大家一样优秀”，常常陷入孤独。于是，总是背对大家，自然又将大家眼底隐藏的“孤独”背负在肩上。因此，我总是感到沉重而压抑。想到这里，我像是打通了任督二脉一样，如释重负。宛如一个长期潜在海底的人终于上岸一般，呼吸顺畅，神清气爽。

我不禁怀疑这到底“是真是假”，睁开双眼一看，目光所及皆是那些不好相处的“成年人”。他们总是面露难色，完全不听别人的意见，还常常为难我。平时我很“害怕”他们，所以常常不自觉地低下头，背对他们。

之所以如此，是因为我觉得“他们是不可能理解我的”。但是，这一次我特别想尝试一下刚才充满自信的他教给我的方法。于是，我看向其中最不好相处的那个人。结果，我再次“发现了对方眼里的孤独”。此时，那个人凶神恶煞的表情也变得温柔可亲。

屋里沉重的气氛突然烟消云散，我甚至感觉周围人的表情也变得非常和善。自从我卸下那个人的“孤独”，获得轻松之后，就开始在大家面前口若悬河，表达意见。而听者也开始随声附和，点头称赞。每当这时，我就会感到充满了自信。

从此以后，每当我看到对方眼眸深处的“孤独”，就会放下对方那份孤独，变得身轻如燕。这样，我也能充分发挥出自己本来的能力，变得更加自信。

想到这里，我忽然看向镜子，结果惊奇地发现“那个充满自信的人就是未来的我”。

于是忍不住在心里吐槽：“喂！未来的自己！你怎么不早点告诉我！”

这时，他却对我说：“你之前不是也没求我救你吗！”我一想：“确实如此！”

不过，我还是抱怨道：“之前的我不也是你自己吗，怎么这么没眼力见儿！”于是我从内心深处发出了自信爽朗的笑声。

没错！这就是我现在的笑声。不知不觉，伴随着这信心十足的笑声，我看清了别人眼中的孤独，每天都过得非常开心，我开始发自内心地哈哈大笑，和身边的每个人都能愉快相处，由此还获得了一种不可思议的归属感。